U0364125

青少年灾害逃生自救书

热浪滚滚

QINGSHAONIAN ZAIHAI TAOSHENG ZIJIU SHU
RELANG GUNGUN

姜永育 著

广西人民出版社

图书在版编目（CIP）数据

热浪滚滚 / 姜永育著.—南宁：广西人民出版社，
2014.7

（青少年灾害逃生自救书）

ISBN 978-7-219-08889-0

Ⅰ.①热… Ⅱ.①姜… Ⅲ.①灾害防治–青少年
读物 Ⅳ.①X4-49

中国版本图书馆CIP数据核字（2014）第 057534 号

监　　制　白竹林
责任编辑　郑　洁　罗敏超
印前制作　麦林书装

出版发行　广西人民出版社
社　　址　广西南宁市桂春路 6 号
邮　　编　530028
印　　刷　广西大一迪美印刷有限公司
开　　本　880mm×1230mm　1/32
印　　张　6
字　　数　110 千字
版　　次　2014 年 7 月　第 1 版
印　　次　2014 年 7 月　第 1 次印刷
书　　号　ISBN 978-7-219-08889-0/P・17
定　　价　19.80 元

目录 contents

热浪成因探秘

太阳神的报复 …………………………………… 002

揪出高温热浪真凶 ………………………………… 007

那些热浪的帮凶 …………………………………… 013

地球上的大火炉 …………………………………… 018

热死人的高温 ……………………………………… 023

热浪引发熊熊大火 ………………………………… 028

热浪还干过的坏事 ………………………………… 033

关注热浪前兆

天边有朵火烧云 …………………………………… 040

瓦块云晒煞人 ……………………………………… 045

日晕晒死虎 ………………………………………… 050

风雾兆晴天 ………………………………………… 055

看节气判炎热 ……………………………………… 060

黄梅季节观旱情 …………………………………… 066

昆虫知晴热 ………………………………………… 071

禽鸟知天晴 ………………………………………… 076

植物报高温 ………………………………………… 081

热浪防御及逃生

抓住高温"牛鼻子" ·················· 088

发布高温预警 ·················· 093

人工增雨退退烧 ·················· 098

高温天气防中暑 ·················· 104

预防高温病 ·················· 109

空调,想说爱你不容易 ·················· 114

下河游泳要小心 ·················· 119

科学锻炼最重要 ·················· 124

请离动物远一点 ·················· 129

高温行车保安全 ·················· 134

谨防惹火上身 ·················· 139

热浪灾难故事

欧洲热浪惨剧 ·················· 146

非洲高温热浪 ·················· 151

澳洲高温热浪 ·················· 156

俄罗斯高温热浪 ·················· 161

印度高温热浪 ·················· 166

英国高温热浪 ·················· 171

美国芝加哥高温热浪 ·················· 176

中国川渝高温热浪 ·················· 181

热浪成因探秘

太阳神的报复

揪出高温热浪"真凶"

那些热浪的"帮凶"

地球上的"大火炉"

热死人的高温

热浪引发熊熊大火

热浪还干过的坏事

太阳神的报复

　　太阳火辣辣地照耀着大地，地面像火海一般，高温一浪接一浪地袭来——酷热难耐，老天这是怎么啦？

　　高温热浪，是地球上一种比较常见的气象灾害。热浪正如其名，就好比海浪一样，一波接一波地送来让人难以忍受的高温空气。当热浪长时间笼罩大地时，人类的生产和生活都会受到严重影响，有时甚至会出现热死人的现象。

太阳神的报复

　　让我们先来看一个古希腊的神话传说。

　　在古希腊神话中，太阳神名叫阿波罗，他是天帝宙斯与暗夜女神勒托的私生子。据说勒托怀孕之后，宙斯的老婆——天后赫拉很不高兴。这位喜欢吃醋的女人自己没有生儿子，所以对勒托的怀孕十分嫉妒，眼看勒托的肚子一天天大了起来，她心里又着急又愤怒，因为一旦勒托为宙斯生下长子，那她天后的地位就会受到威胁。有一天，趁宙斯外出办事之机，赫拉将即将临盆的勒托赶出了天庭，并严令大地神尼俄柏，不准勒托在大地上分娩。尼俄柏是一个阴险狡诈、只知道拍马屁的小人，他对赫拉唯命是从，对勒托则毫不留情，根本不让她在陆地上停留片刻。

勒托痛苦万分，因为找不到地方生产，她不得不在大海上四处奔波。眼看分娩的时间越来越近，如果还找不到地方，那么勒托的孩子生出来后，就会掉进大海淹死。这时，有一个叫阿斯忒里亚的神仙实在看不过去了，他挺身而出，将身体化成了一座小岛。勒托终于有了生产的地方。而海神波塞冬也很给力，他在海底升起四根金刚石巨柱，将这座浮岛固定了下来。在这个稳固的岛屿上，勒托先是生下了女儿阿耳忒弥斯，紧接着又生下了儿子阿波罗。

阿波罗是一位集光源与力量于一体的大神，传说他降生时，天空发出了万丈金光，整个天地为之震撼。他一生出来，眉心便嵌着一颗耀眼的太阳。阿波罗的降生惊动了天庭，他们母子三人很快被天帝宙斯接了回去。长大后，姐姐阿耳忒弥斯被封为了狩猎女神，而勇猛刚强、浑身散发光明的阿波罗则被封为了太阳神。他每天驾驶太阳战车从天空驶过，将光明和温暖传播给大地。不过，由于大地之神尼俄柏曾经羞辱过勒托，阿波罗和姐姐阿耳忒弥斯为此愤愤不平。虽然后来姐弟联手杀死了尼俄柏的子女，但阿波罗仍不解气，为了报复尼俄柏，他有时故意释放出更多的太阳光焰射向大地，每每此时，大地便被高温和热浪笼罩，变得无比炎热。

印度神话中的太阳神名叫苏里耶，他是天父神特尤斯之子。苏里耶是一位拥有金色毛发和手臂的英俊男子，他每天乘坐由七匹马拉动的战车巡视天空。有一天黄昏，苏里耶将战车从天空徐徐降落到大地，在恒河边洗战马。恒河河神嫉妒苏里耶的英俊外表，他突然发动洪水，苏里耶猝不及防，差点被卷入河中。重新回到天空后，苏里耶怀恨在心，为了报复河神，他故意让战车发出大量的光和热，企图烤干恒河。每当此时，地面上便高温连连，热浪滚滚。

中国的神话传说则是另一回事。据说上古时，黄帝和蚩尤在中原一带大战。蚩尤被打败后，请来天上的风伯和雨师助战。风伯掀起狂风，雨师下起暴雨，地面上洪水滔天，黄帝的军队损失惨重。为了消除狂风暴雨，黄帝从天上请来风伯和雨师的克星——女魃。女魃是天帝的女儿，她像一团熊熊燃烧的大火，走到哪里，哪里就会变得又干又热。她在两军阵前一走，天空中立时滴雨全无，地面上的洪水也被烈日烤得无影无踪。风伯和雨师一见，吓得逃之夭夭，黄帝的军队乘机发动攻击，打败了蚩尤军队，并将蚩尤杀死。但女魃因为私自下界，惹恼了天帝，她从此再也不能回到天上去了。女魃在大地住下来后，没想到却给人类带来了灾难：因为她奇旱无比，所居之处和所经过的地方滴雨不下，使得大地高温不断，因此人们愤恨地把她称为"旱魃"。

从以上的这些传说可以得出一个结论：不管是外国神话还是中国神话，都把高温热浪的原因归结到天上，即太阳是根本源头，因为地球上的热量都来自于太阳，地球上出现酷热，太阳负有不可推卸的责任。

地球发烧确实是太阳的责任吗？

高温热浪的定义

要弄清地球发烧的原因，咱们得先明白高温热浪的定义。

目前国际上还没有一个统一而明确的高温热浪标准。世界气象组织建议高温热浪的标准为：日最高气温高于32℃，且持续 3 天以上。中国一般把日最高气温达到或超过 35℃时称为高温，连续数天（3 天以上）的高温天气过程称之为高温热浪（或称之为高温酷暑）。荷兰皇家气象研究所的标准为：日最高气温高于 25℃，且持续 5天以上，其中至少有 3 天最高气温高于 30℃。

　　美国、加拿大、以色列等国家的气象部门在发布高温警报时，要综合考虑受温度和相对湿度影响的热指数（也称显温）。例如美国发布高温预警的标准是：当白天热指数连续 2 天有 3 小时超过 40.5℃，或者预计热指数在任一时间超过 46.5℃，便发布高温警报。德国科学家则基于人体热量平衡模型，制定了人体体感温度指标。专家研究发现，当人体生理等效温度超过 41℃时，热死亡率会显著上升，因此德国以人体生理等效温度大于 41℃为高温热浪预警标准。

　　由于人体对冷热的感觉不仅取决于气温，还与空气湿度、风速、太阳热辐射等有关，因此不同气象条件下的高温天气，其相应的特征也不尽相同。高温热浪通常分为干热型和闷热型两种类型。干热型高温指气温极高、太阳辐射强而且空气湿度小的高温，这天种天气在夏季的中国北方地区，如新疆、甘肃、宁夏、内蒙古、北京、天津、石家庄等地经常出现。闷热型高温虽然气温并不太高（相对而言），但空气湿度大，因此人体感觉十分闷热，由于出现这种天气时，人感觉就像在桑拿浴室里蒸桑拿一样，所以又称"桑拿天"。这种天气在中国沿海及长江中下游，以及华南等地经常出现。

揪出高温热浪真凶

地球发烧的原因到底是什么呢？下面，咱们一点一点地去分析。

太阳真的有责任吗？

现在，咱们来分析太阳该不该对地球发烧负责。太阳是一个巨大无比的火球，它每时每刻都在发光发热，其中有 22 亿分之一的能量辐射到地球，成为地球上光和热的主要来源。这个大火球看上去很平静，但实际上它无时无刻不在发生剧烈的活动。

4000 年前，古时候的中国人通过肉眼观察，看到了太阳上有一只乌鸦，这只乌鸦长着 3 条腿，因此，在中国古代有时也把太阳称为"金乌"。后来，西方科学家通过光学望远镜观测太阳，发现这 3 条腿的乌鸦其实就是太阳表面的黑色斑点，并给它们取名为太阳黑子。太阳黑子是怎么形成的呢？原来，黑子是太阳光球层物质剧烈运动而形成的局部强磁场区域，因为这些区域的温度相对较低，因此看起来显得较黑。科学研究发现，在太阳黑子活动的高峰期，太阳会发射大量的高能粒子流与X射线，引起地球磁暴现象，导致气候异常，使地球上微生物大量繁殖，从而为流行疾病提供温床。一位瑞士天文学家还发现，太阳黑子多的时候，地球上的气候比较干燥，而黑子少的时候则暴雨成灾。

除了太阳黑子，在太阳能量高度集中释放时，还会产生一种现象——耀斑。太阳耀斑也叫色球爆发，它是日面上（常在黑子群上空）迅速发展的闪耀亮斑，其寿命一般在几分钟到数小时甚至几十小时。别看耀斑只是一个亮点，但它一旦出现，那就是一次惊天动地的大爆发。它释放的能量相当于 10 万至 100 万次强火山爆发的总能量，或相当于上百亿枚百吨级氢弹爆炸释放的能量。而一次较大的耀斑爆发，在一二十分钟内可释放 10 的 25次幂焦耳的巨大能量。

耀斑对地球空间环境会造成很大影响。当耀斑辐射来到地球附近时，会与大气分子发生剧烈碰撞，破坏电离层，使它失去反射无线电电波的功能。耀斑发射的高能带电粒子流还会与地球高层大气作用，产生极光，并干扰地球磁场而引起磁暴。此外，耀斑对气象和水文等也有着不同程度的直接或间接影响。

不过，太阳黑子和耀斑活动是否与地球上的高温天气有关，目前仍没有相关证据支持，科学家们还在进一步的探索之中——从这点来说，太阳的嫌疑仍然存在，但很显然，它应该不是地球上高温天气的罪魁祸首。

揪出真凶

既然太阳不是罪魁祸首，那么问题便是出在地球自身上了？

我们都知道，地球上不同的区域接受到的太阳热能都不尽相同。地球上的五个温度带，便是根据太阳辐射情况不同而划分的：一年当中，太阳直射点总是在北纬 $23°26'$ 和南纬 $23°26'$ 之间来回移动，这个地区获得的太阳光热是全球最多的，称为热带；南极圈以南、北极圈以北地区得到的太阳热量极少，气温很低，称为南寒带和北寒带；南北回归线到南北极圈之间的地区，得到的光热介于热带和寒带之间，气温较适中，一年四季分明，称为北温带和南温带。

从地球五带的划分，我们不难看出，地球上最热的地方应该在热带。在全世界范围内，一些位于热带、副热带的地区和国家确实比较容易受到热浪的袭击，像印度、巴基斯坦等国就是典型的高温热浪灾害频发地区，每年都有数千人因热浪袭击而致死。近年来，中国、欧洲、美国、日本等原本较凉爽的中高纬度地区，天气也日趋炎热，极端高温事件增多，逐渐成为新的高温频发地区。这又是怎么回事呢？

原因很简单，中高纬度地区出现的高温热浪，是由于热带洋面上生成的暖气团向北输送造成的。以中国为例，气象学家认为，尽管造成中国持续高温天气的原因很复杂，但副热带高气压系统无疑是高温天气持续出现的直接原因。

副热带高压也简称为副高，这是一个全球性的暖性高压带，它位于热带和温带间（纬度 20°—35°），对中、高纬度地区和低纬度地区之间的水汽、热量、能量的输送和平衡起着重要的作用，也就是说，低纬度地区洋面上产生的大量热能和水汽，都通过它带往中、高纬度地区——从本质上说，副高还是一个做好事的红娘哩，不过，有时副高在完成红娘的角色后，会迟迟赖在新郎家中。当它长时间赖着不走时，所控制地区便会出现持续性的晴热高温天气，并造成该地区干旱。如 2006 年中国的四川和重庆出现了百年一遇的特大干旱，其罪魁祸首便是副高。这一年，副高不请自来，它的脑袋从太平洋一直伸到了重庆和川东上空，并赖在那里久久不肯离去。

在它的强大统治下，"雨神"竟不敢降下半滴雨来。所以说，副高如果出现异常，长期在一个地方待着不动时，高温热浪天气就会光临了。

另外，大陆性的暖气团也能制造高温热浪。这种暖气团是陆地被太阳照射后生成的，在它的控制下，一些内陆地区也会出现滚滚热浪。

幕后黑手

虽然揪出了造成高温热浪的真凶（即副高），但有科学家指出，其实幕后还有操纵和指使者，这个黑手便是近年来我们频频听到的一个词语——全球变暖。

全球变暖指的是全球平均气温升高的现象。近100多年来，全球平均气温经历了"冷→暖→冷→暖"四次波动，总的来看气温为上升趋势，特别是二十世纪八十年代后，全球气温明显上升。据统计，1981—1990年全球平均气温比100年前上升了0.48℃。科学家分析，导致全球变暖的主要原因是人类在近一个世纪以来大量使用矿物燃料（如煤、石油等），排放出大量的二氧化碳等多种温室气体。这些温室气体对来自太阳辐射的可见光具有高度的穿透性，而对地球反射出来的长波辐射具有高度的吸收性，也就是常说的温室效应，从而导致全球

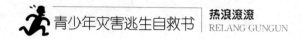

变暖。

　　科学研究还表明，全球变暖正在通过影响包括副高在内的大气环流特征，从而改变一些极端天气事件的强度和发生频率。在全球变暖的大背景下，今后一些极端天气事件，包括高温热浪这样的灾害性天气会有增多的趋势。

那些热浪的帮凶

在全球变暖的操纵下，副高固然是高温热浪的罪魁祸首，但一些帮凶也起着至关重要的作用。

下面，就让我们来一一认识这些帮凶。

厄尔尼诺

现代科学家们通过多年的研究，发现大范围的高温干旱与一种神秘的现象——厄尔尼诺密不可分。

厄尔尼落，就是位于近赤道东太平洋秘鲁洋流冷水域的水温反常升高的现象。在南美洲的西海岸，有一条名叫秘鲁的洋流像带子一般环绕着长长的海岸线。在降水正常的年份里，这条洋流温度比较低，它不但孕育了大量的浮游生物，吸引了数以亿计的鱼来这里进食和繁殖，而且平衡着沿岸国家的降水和温度，使得大地风调雨顺，五谷丰登。不过，这条温柔的洋流却有一个难对付的敌人——东太平洋上空的反气旋。反气旋有一支强大的热带信风部队，一般情况下，热带信风是从太平洋的东面向西面吹，并且风中包含了大量水汽，这些水汽为大地送来了充沛的降雨。当反气旋开始攻击秘鲁洋流时，它就会向西太平洋方向移动，并带领信风由西向东吹，并推动海水上层的暖洋流覆盖秘鲁冷洋流。在反气旋的疯狂攻击下，秘鲁冷洋流的温度往往会猛升 3℃—6℃。这就是厄尔尼诺现象。

厄尔尼诺现象出现后，一般都会持续几个月，它严重扰乱正常气候，并可能带来高温干旱、飓风等重大自然灾害。如 1983 年厄尔尼诺现象出现时，全球气候都出现了异常，澳洲和印度尼西亚遭到了严重高温干旱的折磨，而一些国家却遭受了飓风的恣意袭击。2010 年印度、欧洲等地出现了可怕的高温热浪，造成上千人死亡，据分析，这年的高温灾难，厄尔尼诺也难辞其咎。

焚风和干热风

2009 年 2 月 12 日下午，四川省筠连县发生了一件怪事：一股神秘的怪风铺天盖地狂吹不止，风吹在人身上，不但不觉得凉快，反而让人感觉热乎乎的。怪风吹过之后，筠连县的气温在一小时之内狂升 10℃，从下午 16 时的 26℃，一下升到了 17 时的 36℃。2 月的初春天气，竟然酷热如炎炎夏日！异常高温使当地出现了森林火情，并引起了人们的恐慌。后来经气象专家分析，确定这是一个叫焚风的家伙干的坏事。

焚风，顾名思义是一种又干又热的风。焚风在世界上很多山区都能见到，尤以欧洲的阿尔卑斯山、美洲的落基山、亚欧大陆的高加索最为有名。阿尔卑斯山脉在刮焚风的日子里，白天温度可突然升高20℃以上，初春的天气会变得像盛夏一样，不仅非常炎热，而且十分干燥，导致森林火灾不断发生。强烈的焚风吹起来，能使树木的叶片焦枯，土地龟裂，造成严重旱灾。在中国，焚风也到处可见，如天山南北、秦岭脚下、川南丘陵、金沙江河谷、大小兴安岭、太行山下、皖南山区等都能见到其踪迹。

焚风出现后，一般都会造成严重自然灾害。2004年5月11日，台湾的台东市刮起焚风，40.2℃的高温创下了台东百年纪录。据当地媒体报道，该日中午12时57分，台东市区突然刮起了强烈的焚风，导致室内外温度就如烤箱般急速上升。至13时14分，气温飙到40.2℃，当地居民苦不堪言。有些民众打开冷气，躲在屋内，有些民众带着小孩往郊外跑，跳到清澈的溪流里消暑。农民们更是叫苦连天，因为最怕热的茗叶和茶树在劲吹的焚风中会慢慢枯萎。

干热风可以说是焚风的堂兄，它是一种高温、低湿并伴有一定风力的灾害性天气，又称火风、热风、干风。它出现时，风速在 2 米/秒或以上，气温在 30℃或以上，相对湿度在 30％或以下。在中国，干热风一般出现在 5 月初至 6 月中旬，此时正值华北、西北及黄淮地区小麦抽穗、扬花、灌浆时期，植物蒸腾急速增快，往往导致小麦灌浆不足甚至枯萎死亡。在长江中下游地区，干热风也会使水稻、棉花受到损害，造成水稻提前成熟，棉花蕾铃大量脱落等。

城市热岛效应

居住在城市里的人可能都有这样的经历：夏天城市里高温连连，酷热令人无法忍受，但到了城郊的乡村，便感觉天气凉快了许多，因此一到夏天高温难耐时，便有不少城里人跑到城郊的农家乐去避暑。

为什么城市和乡村会出现凉热两重天的景象呢？原来，这就是热岛效应在作怪。

热岛效应，是指大城市由于人口密度与建筑密度高，工业集中；造成温度高于周围农村的现象。专家指出，热岛效应的最大特点，是同一时间城区气温普遍高于周围的郊区，由于高温的城区处于低温的郊区包围之中，如同汪洋大海中的岛屿，因此人们把这种现象称之为城市热岛效应。一般而言，百万人口大城市的市区平均气温要比郊区高出 0.5—1℃，城市越大，热岛效应越显著，且热岛强度随着时间的增加而增大。

城市热岛的形成，主要有三个方面的原因：一是城区排放的人为热量比郊区大，城市人口众多，加上工厂和大量车辆尾气，使得城区排放的人为热量是郊区农村的数倍甚至数十倍；二是城市与郊区地表面性质不同，现代化的大城市里，高楼林立，到处都是柏油路和水泥路面，这些钢筋水泥比郊区的土壤、植被具有更大的吸热率和更小的比热容，因而使得城市白天吸收储存太阳能比郊区多；三是城区大气污染物浓度大，气溶胶微粒多，在一定程度上起了保温作用。来自工业生产、交通运输以及日常生活中的大气污染物，像一张厚厚的毯子覆盖在城市上空，在夜间，这些污染物大大减少了城区地表有效长波辐射所造成的热量损耗，起到了保温作用，使城市比郊区冷却得慢，从而形成夜间热岛现象。

地球上的大火炉

弄清了地球发烧的原因，你可能又有新的疑问了：地球上哪些地方最热呢？

咱们一起出发，去寻找地球上的大火炉吧。

中国最热的地方

咱们寻找的第一站是中国。2013 年 7 月，众多网友发现：中国气象频道的官方微博列出了一份中国火炉排行榜，在这张榜单上，中国火炉新鲜出炉，引起了网友们的热议。

在人们的印象中，中国老牌的四大火炉分别是重庆、武汉、南昌、南京，这四个城市都位于长江边。不过，中国气象局国家气候中心的专家，根据 1981—2010 年的资料进行分析后，得出了中国最新的四大火炉排名，它们分别是福州、重庆、杭州和海口，排在第 5—10 名的依次是长沙、南昌、武汉、南宁、西安和广州，而老火炉南京仅排在第 14 名。据了解，这份榜单排名，是根据各市 30 年的年平均高温日数排的，其中居榜首的福州的年平均高温日数达 32.6 天。

那么，这些火炉是否就是中国最热的地方呢？非也，这些城市虽然有火炉之名，但最高气温都没有超过 45℃。它们之所以被人们热议，是因为这些地方是大城市，人口众多，高温热浪的影响很大，所以才会被人们冠以火炉之名。

中国最热的地方，是位于新疆的吐鲁番盆地。吐鲁番盆地历来便有"火洲"之称，1975 年 7 月 13 日，吐鲁番民航机场曾观测到 49.6℃的极端高温，为当时全国最高实测气温。不过，这一实测温度，只是当地民航部门的自测温度，并非气象部门的专业测量结果。2008 年 7 月，一支科学考察为了测得真实的高温，专门走进了吐鲁番盆地。

吐鲁番盆地有些地方比海平面还低，特别是位于盆底的艾丁湖湖底低于海平面 155 米，在已干涸的湖盆中，个别洼地甚至低于海平面 161 米，是仅次于约旦死海（湖面低于地中海海面 398 米）的世界第二低地。科学考察队在吐鲁番气象站的帮助下，在盆地中建立了一个临时观测点。8 月 3 日午后，科考队在临时观测站测到了 49.7℃的高温。这个高温数据打破了吐鲁番盆地所有气象站的历史高温纪录，同时也是中国最高的气温纪录！

科考队通过考察，对吐鲁番盆地十分炎热的原因进行了分析，提出了三点结论：第一是因为当地气候特别干旱，天上没有云彩阻挡强烈阳光，地面没有水分蒸发消耗热量，所以阳光热量得以全力用来升高气温；第二是吐鲁番的盆地地形，白天阳光热量不易向外散发，所以温度升高很快；第三是这里海拔低，在海平面附近，是我国内陆干旱地区最低的地方，海拔越低则气温越高，平均每低 100 米气温便上升 0.6℃。

吐鲁番不但气温高，地表温度更是高得吓人，这里的地面温度高达 75.8℃。当地民间流传有"沙窝里蒸熟鸡蛋、石头上烤熟面饼"的说法。不谙内情的人常常疑问：这么酷热的天气，当地人怎么生活？原来，这里气温虽然高，但相对湿度却很低，再加上年平均降水量仅为 16.7 毫米，因此温度虽高，但空气却不闷热，人们只要待在屋里不被太阳晒到，日子还是可以过下去的。

全球高温大比拼

放眼全球，吐鲁番盆地的 49.7℃ 就算不上什么了。下面，咱们看一下世界各地的高温地区。

非洲的撒哈拉大沙漠是全球最大的沙漠，它的面积和整个美国差不多。这个超级大沙漠十分酷热，人们在这里曾经观测到了 55℃的高温。在这里，穿衣服反而比打赤膊凉快些。住在沙漠里的人们都穿着白色长袍，这是因为白色长袍易于反射热量，同时也避免身上的汗水过多蒸发。

比撒哈拉大沙漠气温高的地方，是位于美国加利福尼亚境内的死谷。死谷是一个峡谷，最低处低于海平面86 米，全长达 225 千米，宽 8～24 千米，低于海平面面积达 1425 平方千米。峡谷两侧悬崖重重，山岩壁立，地势陡峭险恶。这里的气候环境极其恶劣，是北美洲最炽热、最干燥的地区。峡谷里几乎常年不下一滴雨，曾有过连续六个多星期气温超过 40℃的纪录。1913 年 7 月，人们在这里观测到了 56.7℃的高温。

不过，利比亚的阿济济耶却打破了死谷的记录。阿济济耶位于利比亚首都的黎波里南面 40 千米处，距离地中海不到一小时的车程。1922 年 9 月，阿济济耶经历了一场酷热，9 月 13 日，人们在这里观测到了 57.8℃的当时全球最高温。

阿济济耶的全球最高温一直保持了很长时间，直到人造地球卫星上天后，美国宇航局的卫星才在伊朗卢特沙漠的表面观测到了一个令人惊讶的温度——71℃！它可以说是地球迄今为止最高气温的地方。

卢特沙漠位于伊朗境内，占地面积约 480 平方千米，这里被人们称做"烤熟的小麦"，意思是把小麦放在地面上，高温很快就会把它们烤熟。卢特沙漠十分酷热、干旱。13 世纪，意大利著名的旅行家马可波罗经过长途跋涉到达中国时，曾经经过这片沙漠。当时，卢特沙漠的高温和炎热给他留下了难以忘却的记忆。马可波罗在沙漠里一共行走了三天，在这三天的旅途中，他没有看见一座民居，放眼望去都是一望无际的干旱沙漠，也没有野兽出没的痕迹——后来他在《马可波罗行纪》中对这段经历进行了记载。据科学家分析，卢特沙漠的温度之所以如此高，是因为这个地方曾经经历过多次火山爆发，使得地表被黑色的火山熔岩覆盖，它们吸引大量的阳光热量，成了这个地球上温度最高的地方。

不过，卢特沙漠只是极端最高气温称王，由于沙漠夜晚气温下降很快（有时甚至会降到 0℃ 以下），因此它的平均气温并不太高。平均气温最高的地方，是埃塞俄比亚的达洛尔地热区。达洛尔地热区位于达纳吉尔凹地里，这里的海拔在海平面以下 116 米，据观测，达洛尔地热区的平均气温高达 34.4℃——目前，全球还没有发现哪个地方的平均气温比这里高。

热死人的高温

高温热浪到底有多厉害？

可以这么说吧，高温热浪是世界范围内频繁发生的极端天气事件，它绝对是人类的大敌，每年地球上都会有不少人因高温热浪肆虐而丧命。

高温热浪制造的悲剧

烈日炙烤，热浪滚滚。2010 年初夏，一场可怕的高温天气笼罩印度西北部地区。在古加拉特邦的一家医院里，一位六十多岁的老人被紧急送到这里抢救。十分钟前，他在街上行走时，突然感到心脏很不舒服，胸闷得无法呼吸。老人痛苦地蹲下身子，刚想休息，突然一头栽倒在地上人事不省。被紧急送到医院后，医护人员诊断老人是因高温引发了心脏病，尽管医生们用尽了浑身解数，但老人最终还是没能醒过来。把老人尸体送走后，医生们又赶紧抢救其他病人去了——在这所医院里，躺满了因高温送来急诊的病人，这些病人大多是老人和儿

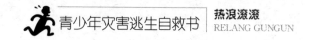

童，不少人经过抢救仍没能醒过来。

2010 年的这场高温热浪，是印度西北部地区百年不遇的极端天气。古加拉特邦在一周之内，平均气温高达 48.5℃，最高气温接近 50℃，高温热浪像毒蛇般噬咬着人们的身体，使人呼吸困难，心脏负荷加重，中暑、肠道疾病和心脑血管等病症的发病率大幅增多。短短一周之内，高温热浪便导致古加拉特邦至少 100 人死亡。而在邻近的地区，高温热浪也酿成了不少悲剧：马哈拉施特拉邦死亡 92 人，拉吉斯特汉邦死亡 35 人，北部比哈尔邦死亡 34 人。

2013 年初夏，印度再次遭遇高温热浪的袭击：从当年的 4 月初开始，印度便一直持续高温，到 7 月，高温热浪已造成近 900 人死亡，各大医院更是人满为患。据当地政府数据显示，印度南部的安得拉邦形势最为严峻，由于该地区气温高于 47℃，造成很多人中暑，死亡人数超过了 500 人。

高温热死人的惨剧不止发生在印度。2003 年夏天，欧洲经历了自 1949 年以来最热的一个夏季，伦敦、布鲁塞尔等地的最高气温均在 35℃左右，而巴黎气温达 38℃，西班牙南部某些地区气温高达 40℃以上。持续的高温少雨天气使欧洲遭遇了严重旱灾，土壤干裂，河水流量锐减，农作物和畜牧业大幅减产。高温还导致法国、葡萄牙、西班牙和意大利相继发生森林大火，十几万顷森林化为灰烬，更可怕的是，高温热浪导致近40人被热死。为了抵御炎热，一些人甚至不顾体面，跳进街头和广场中心的喷水池里解暑。

2013年夏天，英国遭受了自2006年以来持续时间最长的热浪袭击，白天温度动辄超过30℃，由于湿度大，热浪令人不堪忍受，到7月中旬，全国有760人被热死。与此同时，大西洋彼岸的美国也遭到了热浪侵袭，美国东北及中西部部分地区温度高达37.8℃，加上天气潮湿，实感温度达到40℃。在没有冷气的纽约地铁站，室温更高达50℃。在热浪席卷下，至少有6人因热致死。在亚洲，中国、日本等国也受到了热浪的袭击，特别是日本更是出现了全国性的高温天气，日本全国一天之内就有至少902人因中暑被送往医院，其中1人死亡，3人意识不清。

高温热浪不仅会热死人，在持续的高温天气下，动物们也不能幸免。2010年印度遭遇高温热浪天气袭击时，野生动物及家畜与人类一样，饱受热浪的折磨。在印度最大邦北方邦的森林地带里，生活着许多动物，尽管它们待在森林里避暑，但持续的高温仍然令它们无法忍受，滚滚热浪造成蝙蝠、乌鸦和孔雀等大量死亡。在中国的长沙，2010 年 7 月由于高温袭击，热浪灼人，造成长沙生态动物园停水三天，在高温和缺水的情况下，一只马鹿不幸被热死，动物园赶紧对供水系统进行抢修，为园区里的动物们防暑降温。

人体不能承受之热

为什么高温热浪会导致人和动物死亡呢？

专家指出，这是因为高温热浪使人体不能适应环境，超过了人体的耐受极限，从而导致疾病的发生或加重，甚至死亡，动物也是一样。

那么，人体可以承受多高的温度呢？这得要看热浪袭击时当地的相对湿度：相对湿度小，人体承受的温度相对高一些，而相对湿度大，空气闷热，人体承受的温度就会低一些。一般来说，人体在静止状态下时，当相对湿度达到 85％，体温调节极限温度一般仅有 31℃；当相对湿度为 50％时，体温调节极限温度可以达到 38℃；相对湿度为 30％时，体温调节极限温度可以达 40℃。如果超出体温调节的极限温度，人体机能将会受损，并出现中暑等病症。当然，不同人群耐高温的极限是不同的，对于儿童、年老体弱者、慢性病患者来说，由于他们的体温调节功能不健全，或功能减退、功能障碍等，都将使其耐热程度下降。所以在高温天气里，这些人群更容易出现中暑病症。

高温天气对人体健康的影响，主要是产生中暑以及诱发心脑血管疾病导致死亡。这是因为人体在过高环境温度作用下，体温调节机制暂时发生障碍，就会发生体内热蓄积而导致中暑。而对于患有高血压、心脑血管疾病的人来说，在高温潮湿无风低气压的环境里，人体排汗受到抑制，体内蓄热量不断增加，心肌耗氧量增加，就会使心血管处于紧张状态。同时，闷热还可导致人体血管扩张，血液黏稠度增加，易发生脑出血、脑梗死、心肌梗等症状，严重的可能导致死亡。

此外，在夏季闷热的高温天气里，人体还易出现热伤风（夏季感冒）、腹泻和皮肤过敏等疾病，这些疾病都会对人体健康造成很大影响，一些体弱者甚至可能会因此丧命。

热浪引发熊熊大火

夏天烈日炎炎，在持续高温热浪的笼罩下，火灾有时也会来凑热闹。

森林大火、公交车自燃、工厂起火……火灾，可以说是高温热浪产生的祸害。

热浪引发森林大火

2009年1月底至2月初，高温热浪猛烈袭击了大洋洲的澳大利亚。由于澳大利亚位于南半球，这里的气候与北半球正好相反，因此1月至2月正是当地最炎热的夏季。1月上旬，南部一些地区就已连续度过11天40℃以上高温日。从1月底开始，澳大利亚东南部更是笼罩在高温热浪之中，部分地区日最高气温持续多日达到了43℃。1月30日，澳大利亚第二大城市墨尔本最高温度达到了45.1℃，创下了连续三天气温高于43℃的纪录，为1855年有相关记录以来的第一次。在持续高温热浪笼罩下，澳大利亚多地发生了山火。山火不但将草场烧掉一空，而且还引发了森林大火。熊熊大火一发不可收拾，一些村庄和城镇被四处乱窜的火苗引燃，一时浓烟滚滚，居民们惊慌失措，大家被迫逃离家园，而一些来不及逃跑的人则被活活烧死。

此次高温热浪引发的山火给澳大利亚造成了严重损失，在澳大利亚东南部的维多利亚州，山火摧毁了数十所房子，大批森林被烧毁。一位居民说："到处都被浓烟笼罩，虽然我在 1000 米之外，但依然能够感受到大火的热力。"而距离墨尔本以北 80 千米的金莱克地区灾情更为严重，一些市镇几乎被整个毁掉，550 多所房屋被烧毁，63 人死亡，受灾面积超过 22 万公顷。由于高温干旱、风势强劲，火势难以控制，死亡人数继续上升，到 2 月初，这起全国性的山火造成澳大利亚超过 200 人死亡，这是该国历史上最为严重的火灾之一。

高温热浪制造的森林火灾在世界各地频繁出现。2010 年夏季，俄罗斯首都莫斯科遭受了热浪的袭击，从这年的 6 月底开始，莫斯科高温少雨，仿佛被放在蒸笼里一般，气温不停刷新历史同期记录。进入 7 月上旬，莫斯科气温更是持续走高，最高气温一直保持在 37—39℃。高温热浪使得森林出现了多处火灾，消防人员不得不四处出击，但往往是东边的森林大火还未扑灭，西边、南边和北边的森林又出现了火灾。据统计，这一年莫斯科附近森林的火灾数量是同期的近 3 倍，火灾面积也比同期多出了 11 倍。火灾产生的浓浓烟雾顺着风势飘进莫斯科市区，使整个市区连续多日被烟雾笼罩，市区内空气中的有害物质含量不断增加，其指标甚至达到了正常标准的 10 倍之多。市民们不得不接受酷暑和浓烟的双重煎熬，空气质量的恶化使得一些人出现了呼吸困难、眼睛刺痛等症状。

　　2013 年 7 月，美国西部遭热浪袭击，多地气温创下历史最高纪录。高温和干燥引发西部地区多处山火，仅加利福尼亚一个州，当地的林业和消防部门便应对了约 2900 起森林火灾。

　　高温热浪为何频频制造森林火灾呢？专家指出，一般情况下，气温偏低，相对湿度大，林区潮湿便不易发生火灾，而气温高，相对湿度小，林区干燥有利起火，并且容易蔓延。持续的高温热浪，使得整个森林里的水分减少，一些树木甚至会因过高的温度而死亡，再加上森林里残存的大量枯枝败叶在高温干旱季节容易引发自燃，如遭遇雷电袭击，森林火险更是一触即发。森林一旦遭受火灾，在高温热浪的助阵下蔓延十分迅速，若不采取有效措施及时控制，就会造成严重的后果。

高温引起公交车自燃

2013年6月18日15时许，湖北武汉市汉口青年路发生惊险一幕：一辆公交车快进站时突然发出嘭的一声巨响，汽车左后轮爆胎了！紧接着，爆胎的地方冒出阵阵黑烟。"怎么啦，发生什么事了？"听到响声和看到黑烟后，大家顿时惊慌失措。"赶紧下车！"司机冷静地将车靠边停下，迅速打开车门疏散人员。十多分钟后，消防官兵接警赶到现场，很快便控制了火势，阻止了公交车继续燃烧。据了解，这辆公交车是当年武汉公交集团新换的一批天然气车型，刚上线运营不久。经分析，公交车之所以发生自燃，连日的高温热浪是主要原因。

近年来，在高温热浪袭击下，公交车自燃事件屡屡发生：2010年7月6日上午，北京市一辆公交车在开到东三环辅路时突然起火，大火从公交车后部发动机位置开始着起，很快吞噬整个车厢，幸亏疏散及时，未造成司售人员、乘客伤亡；2010年7月26日，重庆一公交车在行驶中突然发生自燃，驾驶员在扑救未果的情况下报警，消防战士赶到现场后，迅速将大火扑灭，但车已被烧剩钢架；2013年7月5日下午，温州市平阳县一辆公交车在行驶过程中突然罢工，发生自燃，火势迅速蔓延，车子在几分钟内烧成一堆废铁，所幸的是车上乘客及驾驶员及时逃生……据分析，这些公交车发生自燃，高温都是难以逃脱的凶手：由于高温导致发动机舱内温度过高，造成油管（胶管）接口膨胀渗油，使得高温处局部出现火情，尽管发动机舱内自动干粉灭火器启动，仍造成车辆失火事故。

此外，高温热浪天气还给一些易燃易爆危险化学品生产企业带来极大威胁。2010 年 6 月 25 日，河南省濮阳市最高气温达到 40℃，当日 18 时许，该市一家化学工业有限公司生产车间因气温过高导致火灾发生，幸亏消防官兵快速赶往现场扑救，才没有造成人员伤亡；2013 年 7 月的一天中午，浙江一家生产电池的工厂突然发生大火，消防队员迅速赶到现场将火扑灭，事后分析原因，发现这又是一起高温引发的火灾事故。

热浪还干过的坏事

除了前面咱们盘点过的那些灾害，高温热浪还干过哪些坏事呢？

大旱元凶

2006年夏季，高温热浪像挥之不去的噩梦，紧紧缠绕在川渝大地上。持续的高温少雨天气，终于酿成了一场百年不遇的大旱。

这年的8月，在四川、重庆的许多地方，昔日郁郁葱葱的竹子成片干枯，一些树木也被渴死。庄稼地里，仅仅半人高的玉米没等到成熟便全部干枯，而稻田里更是裂开了一个个拳头大的裂缝，稻秧成了枯草，用火一点，很快便蔓延成熊熊大火。高温热浪不但烤干了树木和庄稼，还将小河小溪烧烤断流，地下水水量也大幅锐减，造成许多地方出现人畜饮水困难。在缺水的城镇，消防车每天穿梭往来送水给居民解渴，而在一些边远的山区，人们四处找水，有的村民为了找水，甚至每天要走数十千米。截至这年的 8 月底，重庆全市因旱受灾人口达 2100 万人，820.4 万人发生临时饮水困难，农作物受灾面积 132.7 万公顷，绝收 37.5 万公顷，直接经济损失达 90.7 亿元；四川全省有 700 多万人出现临时饮水困难，农作物受旱 206.7 万公顷，成灾 116.6 万公顷，绝收 31.1 万公顷，损失粮食 481.4 万吨，造成直接经济损失 125.7 亿元。这场百年不遇的大旱，一直持续到当年 9 月，随着降雨到来，天气开始慢慢退烧，旱情才得到了解除。

一直以来，高温热浪都是制造大旱的元凶。据科学家考证，6000 年前，撒哈拉地区还是一片水草丰盛的大草原，那里气候适宜，降水充沛，野生动物自由自在地生活和嬉戏。今天，人们从沙漠中的山崖上发现了古代的岩画，画上面有一群群的野生动物，人们在这片土地上快乐而自由地生活着。但随着气候变化，天上降雨逐渐减少，在高温热浪的肆虐下，干旱像一张大网般笼罩着大地，人和动物为了生存，不得不离开原来的家园，重新寻找新的栖息地。那些不肯离开家园的人和动物，最后都被旱灾吞噬，变成了一堆堆可怖的白骨。

即使在今天，时常遭受高温热浪侵袭的非洲依然是世界上旱灾最为严重的地区。1968 年—1973 年，一场持续时间长达 5 年的旱灾梦魇般降临非洲大地。西起大西洋边的毛里塔尼亚，东至伸入印度洋的非洲之角索马里，受灾面积近 1800 万平方千米，旱魔横跨 16 个国家。严重旱灾使该地区牲口损失达十分之一以上。个别国家尤其严重，乍得和毛里塔尼亚牲口损失达 70%，尼日尔达到 80%，埃塞俄比亚竟高达 90%。因旱灾饿死、病死的人数也十分惊人，仅埃塞俄比亚的活洛省就因饥饿死亡20 万人。

水电杀手

酷暑难当，炎热难耐，然而电风扇不转、空调不能运行，停电了！

可能很多人都有过这样的经历：高温热浪袭来，正需要解暑降温的时候，电突然停了，人们困在办公室或家里，饱受高温热浪之苦。关键时刻，电力部门为何掉链子呢？其实，电力部门也是哑巴吃黄连——有苦说不出：一方面，在高温热浪的持续控制下，江河里的水逐渐减少，利用水力发电的电站受到很大影响，送出的电能比正常少了许多；另一方面，城市和乡村的用电量却大增，家家都想开空调降温，但因为僧多粥少，电力部门只能拉闸限电，人们的生产、生活因此受到很大

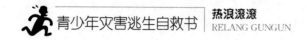
影响。

　　高温热浪可以说是水电的杀手，它导致的电力供应不足有时也会造成社会不稳定。如 2010 年夏季，高温热浪席卷海湾地区，多个国家出现高温天气，沙特阿拉伯气温飙升到 50℃，比 2009 年同期平均温度高出几℃，科威特气温更是飙升到 52℃，为了省电，科威特议会建议减少政府部门的工作日。而在伊拉克，由于高温和长时间停电，民众苦不堪言，为了争电，伊拉克两座南部城市的民众纷纷走上街头抗议，电力部门负责人因此事不得不辞职。

交通大敌

　　前面我们已经讲过：高温热浪会导致公交车自燃，影响交通安全。但事实上，高温热浪对交通的影响远不止于此。

　　2009 年 1 月下旬，澳大利亚遭受高温热浪的持续袭击，一些铁轨因热变形，列车无法行驶，不得不停止运行，1 月 29 日，仅维多利亚州便取消数百次列车。2013 年 7 月，英国遭受了持续近一周 30℃以上的高温袭击，这一热浪至少造成 760 人死亡，同时对英国的交通造成很大影响，7 月 14 日晚高峰，伦敦最繁忙的滑铁卢站关停了 4 个站台，数以千计的乘客滞留，英国铁路公司致歉并表示，原因是铁轨因 50℃ 高温变形。同样的事件也发生在俄罗斯，2013 年 7 月 7 日，俄罗斯 RT 电视台报道，由于持续高温使得俄罗斯南部一段铁轨受热变形，一辆运行中的列车脱轨酿成事故。

高温热浪对铁路运输的影响应该是最大的，因为铁轨在高温的炙烤下会发生变形，从而使列车不能运行，不过，高温对柏油路、水泥路同样也有影响，所以，在高温天气下行车必须小心谨慎。

影响活动

高温热浪对人类活动的影响是显而易见的，在酷热的笼罩下，人类的一些活动不得不取消。如 2009 年初，澳大利亚东南部地区遭遇罕见高温袭击，该国第二大城市墨尔本最高温度达 45.1℃，原本在墨尔本举行的澳大利亚网球公开赛大满贯赛事，在气温飙升至 41℃ 后，首次被迫暂停赛。另外，一些在室外比赛的体育赛事，如足球、棒球等，也有因高温天气被取消的例子。

不过，也有一些人不信邪。2013 年 7 月 1 日，在法国巴黎，一个 7.8 米高的世界最大蛋糕塔被推到户外展出。蛋糕原本预计在户外展出 4 天，但令主办者没有想到的是，在巴黎超过 30℃ 的高温热浪炙烤下，蛋糕仅展出 1 天便开始变软融化，看上去像是摇摇欲坠的比萨斜塔。制作团队在无奈之下，只得在第二天将蛋糕塔主动拆除。

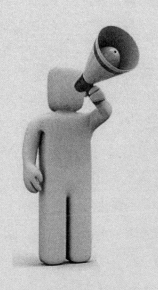

关注热浪前兆

天边有朵火烧云

瓦块云晒煞人

日晕晒死虎

风雾兆晴天

看节气判炎热

黄梅季节观旱情

昆虫知晴热

禽鸟知天晴

植物报高温

天边有朵火烧云

炎炎夏日，当某一个地区持续数日天气晴好，滴雨不下时，气温就会越来越高而形成滚滚热浪，所以，关注热浪前兆，其实就是关注这个地区未来的天气是否晴好。

俗话说，云是天气的招牌，天气晴好与否，云具有较大的预兆性。下面，咱们去了解一种特殊的云——火烧云。

红彤彤的火烧云

"看，天上的云好红哟！"

"是呀，真漂亮，把天空都映红了……"

2011年8月24日傍晚19时，夜幕徐徐降临四川南充市，随着城区上空最后一抹夕阳余晖落山，一朵云彩惊艳地点缀在天空西北边，它仿佛是被大火烧红的，看上去通红一片。这一难得的自然景象吸引了不少在外散步的市民，大家纷纷仰头欣赏。这朵红得格外灿烂的云朵在天空出现了约 15 分钟。它最美丽的时刻，是在它诞生后的 8 分钟左右，当时云朵显得很亮丽，而且不断变换形状和姿态：它时而像海浪，时而像巨狮，时而像山峰，引得人们啧啧称奇。之后，云朵的色彩慢慢暗淡下来，最后逐渐融入了苍茫的夜色之中。

南充市民们看到的这朵红云，就是民间俗称的火烧云，它有一个学名叫做霞。霞一般出现在日出和日落前后的天边，看上去十分美丽。早霞和晚霞看起来都五彩斑斓，但它们之间也有区别：早晨的称朝霞，云体本身色彩暗淡且形体巨大，但是天空却呈现出一种淡雅的玫瑰色；傍晚的叫晚霞，色彩红艳，形状多变，云体较小。

霞是如何形成的呢？原来，朝霞和晚霞都是由于空气对光线的散射作用形成的：当太阳光射入大气层后，一旦遇到大气分子和悬浮在大气中的微粒，便会发生散射。这些大气分子和微粒本身是不会发光的，但由于它们散射了太阳光，于是每一个大气分子都形成了一个散射光源。根据瑞利散射定律，太阳光谱中的波长较短的紫、蓝、青等颜色的光最容易散射出来，而波长较长的红、橙、黄等颜色的光透射能力很强。因此，我们看到晴朗的天空总是呈蔚蓝色，而地平线上空的光线只剩波长较长的黄、橙、红光了。这些光线经空气分子和水汽

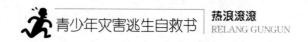

等杂质的散射后，那里的天空就有了绚丽的色彩。

朝霞不出门

很早以前，中国人便发现天上的云霞可以预兆未来天气，在中国民间，关于朝霞和晚霞的谚语挺多，如"朝霞不出门，晚霞行千里"、"朝霞雨淋淋，晚霞烧死人"、"早霞不过午，晚霞一场空"、"朝起红霞晚落雨，晚起红霞晒死鱼"、"早上赤霞，等水泡茶，晚上赤霞，无水洗脚"。甚至有古人写诗来描述这种现象："日出红云升，劝君莫远行；日落红云升，来日是晴天。"这里的"红云"即霞，前一句红云指朝霞，而后一句则指晚霞。

同为云霞，为什么早上和晚上出现的云霞预兆的天气却截然不同呢？原来，朝霞和晚霞虽然是同胞姐妹，但由于成长经历和性格、脾气等大不相同，因此它们各自代表的未来天气也不一样。

先来说说姐姐朝霞吧。据气象专家介绍，朝霞的出现有着复杂的背景：如果早晨我们看到天边出现颜色鲜红的朝霞，那表明大气中的水汽和尘埃等杂质很多，在太阳光线的折射下，这些水汽和尘埃呈现出了鲜艳的颜色，它预兆着降雨云层已从西方源源不断地侵入了本地。因为在中国大部分地区，降雨云系和天气系统一般都是自西向东入侵，所以出现朝霞，预示着天气将要转雨。如2003年7月9日早晨7时许，早起锻炼的成都市民发现天上出现了美丽的火烧云，特别是太阳在东方初露晨曦时，更是形成了鲜艳夺目的霞彩，映红了大半个天空，看上去煞是壮观。这次火烧云持续了大约10分钟才逐渐淡去。中午，成都天空便被厚厚的云所笼罩，之后市区竟然下起了瓢泼大雨。

朝霞的颜色不同，带来的天气也有显著差别。专家介绍，在太阳露出地平线以前，天空出现的粉红色朝霞，说明当时天空多为卷层云或密卷云、毛卷云，预示有连绵不绝的阴雨天气出现；太阳升起后，天空出现的绛紫色朝霞，说明当时天空多为块状低云，预示有雷雨。

烧人的晚霞

那么，为什么晚霞带来的是晴好天气呢？

专家指出，在傍晚，如果天空出现了金黄色的霞，一般说明西方已经没有云层了，空气中的水汽和杂质也相对较少，所以阳光才能无遮无挡地把天边的云彩染红。所以，晚霞出现，一般预兆的是晴好天气。上面咱们说的四川南充傍晚出现火烧云，便应验了这一说法：火烧云现身后，南充市连续几天出现了晴热高温天气，热浪滚滚，当地居民苦不堪言。这种现象不胜枚举，如 2006 年 7 月 17 日，台风"碧利斯"从南昌过境后不久，当天傍晚，南昌八一桥上空便出现了火烧云奇观，天空被染成了金黄色。市民们仰头看着美丽的火烧云，心里都乐着哩，因为台风带来的暴雨和洪水已经让大家受够了，未来能有晴好天气出现，能不高兴吗？不过，随后一周的连续晴热高温天气却让大家够呛，天气那个热啊，真是受不了！

此外，民间还流传有一句谚语："朝霞暮霞，无水煮茶。"这又是什么意思呢？原来，在早晨和傍晚，天空有时还会出现一种褐红色的霞，这种霞与云霞有着本质的区别，它一般是在连续晴天的时候出现。专家解释，这种霞出现时，表明空中水汽含量很少，尘埃、盐类等杂质却较多，太阳光线通过大气层时，短波光多被吸收，有的色光即使不被吃掉，也会因反射而改变方向，只有波长最长的红光能逃出重围，从而映红一部分或大部分天空，因此，这种条件下形成的霞，往往预兆的不是雨天，而是艳阳天。

瓦块云晒煞人

如果你留意观察，就会发现在高温热浪天气里，天空经常会出现一种轻盈的高云，它们有的像鱼鳞，有的像瓦块，有的像豆荚，常常排列成行，颜色看上去显得很明亮。

这些云不仅未给人们带来一丝阴凉，相反，它们的出现，意味着高温热浪天气还会持续，因此民间有"瓦块云，晒煞人"之说。

天上有片瓦块云

暑假里，小明到南方的外公家玩耍，没想到，他一到那里就碰上了恼人的高温天气。

太阳毒辣地照耀着大地，天热得像下了火，空气也似乎要燃烧起来了，身上的汗不停地涌出来，衣服很快湿透了。

"这天气真热，什么时候能下雨呢?"小明心里很烦躁，因为炎热，他只能老老实实待呆在屋里，哪儿也不能去。

外公戴上墨镜，望向天空，看了一会儿后，苦笑着摇了摇头。

"外公，最近还是不能下雨吗？"小明着急地问。

"嗯，天气预报说这几天都没有雨，从天上的云来看，确实不像有雨的样子。"外公说。

"您根据天上的云就知道天气？"小明有些惊讶。他抬头看了看天空，天上除了一轮炽热的太阳外，四周只有一些薄薄的云彩，它们排列在一起，看上去有点像瓦块，又有点像鲤鱼身上的鳞甲。

"是呀，我年轻时在乡下当过业余气象员，所以养成了看云识天气的习惯，慢慢也积累了一些观云的知识。"外公说，"现在天空中这种像瓦块状的云，它一般出现在晴热天气里，并且预示着未来还会持续这种天气。"

"真的呀？"小明一下瞪大了眼睛。

"嗯，农村有不少谚语专门说这种云，像'瓦块云，晒煞人'、'瓦片云，曝死人'等等，都是说这种云一旦出现，天上不但不会下雨，而且还会变得很热。"外公用毛巾擦了擦汗水说，"因为这些云看起来还有点像鲤鱼身上的斑点，所以人们把它们叫做鱼鳞斑，并说'天上鱼鳞斑，明天晒谷不用翻'——对农村来说，这种好天气非常适合晒谷，但晴的时间久了，有时也热得受不了。"

"唉，那照您这样说，最近几天更热了？"小明没精打采，"好吧，那我还是看书去喽。"

瓦块云的真实身份

小明外公所说的瓦块云究竟是一种什么样的云呢？

这种瓦块云的学名叫透光高积云，这是中云家族的一种，它们一般位于 2500—4500 米的高空，在中国南方的夏季，它们甚至可以站到 8000 米高处。因为排列在一起像鱼身上的鳞片，所以它们又被称为鱼鳞云。这种云的特点是云块较薄，颜色呈白色，云块轮廓分明，常呈扁圆形、瓦块状、鱼鳞片状，或是水波状。

这种云是怎么形成的呢？我们知道，飘浮在天空中的云彩是由许多细小的水滴或冰晶组成，有的则是由小水滴和小冰晶混合在一起组成，有时候，云中还包含一些较大的雨滴及冰、雪粒等，透光高积云也不例外，不过，构成云体的水滴或冰晶都很小，它们一般是被稳定的气团托举到高空去的，所以，透光高积云可以说是稳定气团的形象大使。由于稳定气团控制下的天气一般都比较晴好，所以透光高积云的出现便预兆着未来天气晴好。

让我们一起来见识一下各地屡屡出现的瓦块云——

2010 年 7 月 2 日，北京天气晴朗，空中出现瓦块云，第二天当地的天气也比较晴好，高温热浪随之而来。

2011 年 7 月 4 日，河北沧州出现瓦块云，场面蔚为壮观，而之后当地炎炎烈日，酷热难当。

2013 年 5 月 4 日，浙江杭州西湖断桥上空出现了瓦块云，吸引众多市民和游客驻足观赏，之后当地数日气温升高。

2013 年 8 月初，苏州经历长达数日的超高温天气，而市民也屡屡观察到瓦块云的踪迹……

专家告诉我们，透光高积云如果变化不大，那么很多时候都预示着晴天，但如果高积云厚度继续增厚，并逐渐融合成层，那么便显示天气将有变化，甚至会下雨。此外，我们在观察瓦块云时，还应该把它和一种长相相似的细鳞云区别开来：细鳞云的形状也像鱼鳞，不过它的云体更细小，这种云名叫卷积云，是高云家族的一员，多发生在低压槽前或台风外围，它们出现，预兆着近期会刮风或下雨，所以又有"鱼鳞天，不雨也风颠"的谚语。

天上豆荚云，地上晒煞人

与透光高积云一样，具有预报高温热浪天气功能的还有一种云，它就是透光高积云的堂兄——荚状高积云。

荚状高积云的云块呈白色，中间厚边缘薄，轮廓分明，通常呈豆荚状或椭圆形，当阳光和月光照射到云块时，常常会产生美丽的彩虹。荚状高积云是自然界的一个奇观，有时候它们会被误会为飞碟或不明飞行物体，所以亦俗称飞碟云。

荚状高积云的豆荚是如何形成的呢？原来，它通常形成在下部有上升气流，而上部有下降气流的地方：上升气流绝热冷却形成的云，遇到上方下降气流的阻挡时，云体不仅不能继续向上升展，并且其边缘部分还会因下降气流增温的结果，蒸发变薄而出现豆荚状，也就是说，荚状高积云的豆荚是被活活压出来的。

荚状高积云还有一种形成过程：在山区，当气流越山时，受地形作用影响，空气被抬升至大气上方，气流在山丘后方以波浪状推进，在波峰上空气中的水分凝结成云，经过一段时间的积聚，也会形成一层层像由大小不同的头盔堆叠而成的荚状云。

专家指出，荚状云如果孤立出现，无其他云系相配合，那么多预示晴天，所以农村有句谚语是"天上豆荚云，地上晒煞人"。

日晕晒死虎

夏天午后出现日晕会晒死老虎，你信吗？还有，早上出现浮云也会把小狗晒死，黄昏太阳落在乌云里会出现高温天气，这些现象背后到底有什么秘密呢？

日晕过午，晒死老虎

晕，是悬浮在大气中的冰晶折射或反射阳光（月光）而形成的光学现象。大气中的冰晶通常是由卷状云带来：当光线射入卷层云中的冰晶后，经过两次折射，分散成不同方向的各色光。晕通常呈环状或弧状，有红、橙、黄、绿、蓝、靛、紫七种颜色。由太阳光照射冰晶反射至人类眼睛的称为日晕，而月光照射冰晶反射至人类眼睛的则称为月晕。

日晕的出现，一般代表天气将会发生变化。因为蕴含冰晶的卷层云一般是雷雨天气入侵的先锋，当天空中出现日晕后，一般十几个小时内风雨便会到来，所以日晕出现，往往预兆着天气在短时间内便会转坏。故民谚有"日晕三更雨，月晕午时风"之说。

不过，夏天午后出现日晕，代表的天气可能正好相反。有一句谚语"太阳晕过午，无水洗脚肚"，意思是夏天午后如果出现日晕，那么未来将有一段连续晴朗日子，甚至会出现旱情。此外，"日晕过午，晒死老虎；月晕半夜，水流石壁"，这句谚语的意思是说，日晕如果出现在夏天午后，那么就预示未来将出现高温炎热的晴朗天气，而要是在半夜看到月晕，说明将有一场暴雨来临。

我们还是来看一个典型的例子吧。2010年7月的一天午后，长沙市上空出现日晕，太阳被一个大圆圈包围在里面，吸引了不少路人观看。"出现日晕，可能会下雨！""没错，日晕三更雨，月晕午时风，这雨可能晚上就会下来。"市民们议论纷纷。此前，长沙头一天晚上刚下过一阵雨，但这场雨完全没有消暑降温，第二天气温迅速反弹，热浪又笼罩着大地，大家都希望这天出现的日晕能带来新的雨水消暑。不过，令人始料不及的是，此后几天当地却滴雨全无，在太阳的毒辣照射下，高温攀升，热浪灼人，市民们如困在蒸笼中一般。高温热浪导致长沙生态动物园停水三天，在高温和缺水的双重打击下，一只马鹿不幸被热死——这场持续高温天气热死的虽然不是老虎，但替死鬼马鹿的"牺牲"，也能让人想

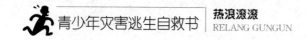

象到这场高温热浪是多么的可怕。

　　你可能会问：为什么同是日晕，有些日晕代表的是下雨天气，而有些日晕却代表高温呢？专家分析，一般情况下，日晕在上午出现，说明密卷云正在进入本地，跟在它后面的便是降雨云系，所以会出现"日晕三更雨"的现象；而日晕在午后出现，往往是降雨天气已经结束，下面的降雨云层先行消散，上面的卷层云因为来不及逃跑，于是折射和反射阳光而形成日晕。

　　动物园中的老虎由于有人类的保护，所以"日晕过午，晒死老虎"的现象极少发生，不过，高温热浪袭来时，老虎的日子也很不好过。2011年8月上旬的一天下午，四川成都市上空出现不太明显的日晕现象：淡淡的云将太阳围了起来，形成一个巨大的半圆弧。由于这个日晕不太明显，许多市民都未注意到。但此后一段时间，秋老虎发威，高温热浪持续烧烤成都，不但人人叫苦，动物们也过得很不爽。在成都动物园的狮虎豹馆，为了给来自北方的东北虎降温，工作人员在7只老虎的面前各摆放了一大块冰块。老虎们静静地趴在地上，热得直喘气，并不时舔一舔冰块，而老虎的邻居们——怕热的北极熊则爱上了冲凉解暑，它们将全身都藏在水池里，任凭游客怎么逗弄，就是不肯出来。

在英国，2013 年 7 月，高温热浪袭击了全国大部分地区。随着当地气温不断攀升，来自寒冷地带的东北虎为了避暑，将动物园内的人工瀑布完全霸占，它们爬上 4 米高的瀑布，然后一跃而下，落在下面的水潭中，上演了一出出精彩的"虎落水潭"好戏。据悉，在这场高温热浪袭来之前，英国一些地区曾看到过日晕现象。

不过，夏天午后出现的日晕与未来高温天气之间究竟有多大关系，现在还无法作出定论。在日常生活中，我们可以留心观察，如果夏天午后出现日晕，不妨将其作为高温天气的征兆，提前做好防暑降温的准备工作。

早起浮云走，中午晒死狗

夏天早上起来，我们有时会看到天上飘着一朵朵浮云。这些云的个头都不大，而且显得很破碎，如果仔细观察，还可以看到它们在移动哩。

民间有句谚语"早起浮云走，中午晒死狗"，意思是说早上看到浮云在移动，那么中午的天气就会非常炎热，把狗热死。这些浮云也能预报高温天气？

原来，这种浮云就是低云家族中的碎积云。碎积云一般个体小，轮廓不完整，形状多变，多为白色碎块，而且移动速度较快。它们是空中对流作用形成的云，这种云一方面在形成中，一方面又在蒸发消散中，因此就形成了稀薄、边缘破碎的形状。碎积云形成后，如果移动较慢，那么随着对流增强，它就可发展为淡积云，淡积云再发展下去，就有可能形成浓积云、积雨云等，从而带来雷雨。如果碎积云移动很快，就表明空气中虽然有热力，但对流增强并不明显，不可能形成降雨云层，相反，随着太阳的照射，中午的热力会更强，气温会更高，这时狗如果在野外奔跑，有可能会被活活晒死。

另外，在夏天黄昏时，如果我们看见太阳下落在乌云里，说明明天将是晴朗高温天气，日光晒在人的皮肤上，人将会感到灼痛，因此有"黄昏日落黑云洞，明朝日晒背皮痛"的谚语。据分析，这是因为太阳下落的地方是西边，乌云退回西边，表明影响本地的降雨系统已经趋于消散，接下来的将是连续晴朗高温天气。

风雾兆晴天

风和雾是大自然的一种气象现象，有时候，它们也能预报连续晴朗高温天气哩。

朝雾晴，晚雾雨

好大的雾！早晨小明和同学们一起去上学，只见雾笼罩着大地，远处的楼房、树木、道路等全都掩映在乳白色的雾气中，看上去隐隐约约，缥缥缈缈。

"这么大的雾，今天应该会下雨吧？"一位低年级的同学问小明。

"应该不会下雨。"小明想了想，说，"上次我们班组织去气象台参观，我听气象台的叔叔讲过，早晨出现雾，一般是天晴的标志，所以今天应该会天晴。"

"还要晴啊，都快热死了！"大家七嘴八舌，心里都感到有些失望。

早晨出现雾，为什么天气就会变晴呢？咱们还是先来看看雾是如何形成的吧。雾是空气的水汽凝结而成的细微水滴。形成雾的先决条件，是空气中必须有很多的水汽，也就是空气要达到过饱和状态，这就像人吃饭吃得很饱一样。空气要达到这种状态，有几种情况，第一种情况是空气辐射降温，比如在晴朗无风的夜晚，近地面层的空气不断辐射，使自己变得很冷，空气一冷却，里面的水汽很快就达到过饱和了。第二种是当温暖湿润的空气流到比较冷的地面或海面上时，空气也会因受冷而达到过饱和。第三种情况是冷的空气流到温暖的水面上，当两者温差较大时，水汽便从水面上被蒸发出来，然后又进入冷空气中，因遇冷而达到过饱和。当空气达到过饱和状态，近地面大气中又有足够的凝结核（如灰尘、烟粒、盐料、杂质等），雾便形成了。

关于雾和天气的关系，中国古人总结得很好，民间有"晨雾即收，旭日可求"之说，意思是早晨出现薄雾，并且很快散去，那么这天一定是个艳阳天。民谚也有"朝雾晴，晚雾雨"的说法，意思是早晨出现雾气将会是晴天，傍晚出现大雾将会下雨。

你可能会问：这到底是什么原因呢？

大家可能都有这样的感觉，如果第二天是个大晴天，那么夜晚和早晨会感到比较凉爽，相反，如果第二天是阴天，夜晚和早晨会感到有些闷热。这又是为什么呢？

原来，白天太阳光通过短波辐射，将热量传递到地球上，使地球变得很热；到了晚上，地球又会通过长波辐射，将一部分热量传送到空中，从而使地球表面的温度降低。阴雨天的夜晚，厚厚的云层覆盖在空中，就像给地面加了一层大棉被，地面辐射的热量碰到这层大棉被，大部分都会被反射回来，所以夜晚和早晨的气温都不会太低。相反，晴天的夜晚和早晨，空中一般无云或少云，长波辐射的热量都传送出去了，所以气温会有所下降，特别是凌晨5时左右气温下降幅度最大，空气中的水汽就可能因气温降低达到过饱和而形成雾，所以，早晨出现雾，一般是晴好天气的征兆。

除了朝雾，其他时间出现的雾也会预报晴天，民谚说得好："云吃雾下，雾吃云晴。"意思是雾出现后，天上紧跟着来了云，那么就可能会下雨，反之，如果云消雾起，说明晴朗天气即将来临。据气象专家分析，"云吃雾下"是低气压将要来临的象征，所以会下雨，而"雾吃云晴"则表示低气压已过，统治本地的将会是高气压，所以会出现晴天。

此外还有一种说法："久晴大雾阴，久阴大雾晴。"意思是说，久晴之后如果出现雾，说明有暖湿空气移来，空气潮湿，是天阴下雨的征兆；久阴之后如果出现雾，

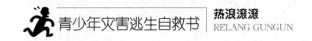
则表明天空中云层变薄裂开消散，地面温度降低而使水汽凝结成辐射雾，待到日出后雾将消去，就会出现晴天。

六月东风干断河

太阳高悬空中，阳光火辣辣地照耀着大地，树叶被晒得卷了起来，小河露出河床，河水快要断流了。

李大爷站在田坎边，望了望自家的庄稼，无可奈何地摇了摇头——田地的庄稼因为缺水，苗叶枯黄，快要干死了。

"天旱了这么久，一滴雨都不下，庄稼快没救了。"李大爷的儿子小李也来到田边，他看了看奄奄一息的庄稼说，"咱们赶紧想想办法吧！"

"有啥办法可想，这个月看来都不会下雨了。"李大爷叹了一口气说，"古话说得没错：'六月东风干断河。'这风如果还刮下去，雨就不会下，庄稼都会全部干死……"

"真的呀？"小李惊讶地说，"那得赶紧想其他办法抗旱！"

在这个事例中，李大爷所说的"六月东风干断河"是什么意思呢？很简单，就是说如果农历六月里刮东风，那么本地将会出现旱情，河床里的水会渐渐下降，并且越来越少。

　　气象专家告诉我们，风是地球上常见的一种气象现象，它和高温干旱的关系比较密切。民间有谚语"春东风，雨祖宗，夏东风，一场空"，意思是说，春天要是刮东风，那么就会出现春雨绵绵的天气，而夏天要是刮东风，那么将会雨水短缺，给农作物生长带来不利。"春时东风双流水，夏时东风旱死鬼"，这个意思和上一句谚语的意思差不多，是说春天如果刮东风，将是阴雨天气，地上将雨水横流；夏天如果刮东风，将会出现严重的旱情。另外，刮南风也会带来异常天气，"五月南风发大水，六月南风井底干"，是说农历五月如果刮南风，往往会带来热带风暴，造成大量降雨，引发水灾，而农历六月刮南风，不但不会下雨，还会出现高温干旱。

　　那么，农历六月的东风和南风为什么会带来高温干旱天气呢？据分析，这是因为夏季（包括 6 月在内），中国内地东南沿海一带被一个强大的气团——副热带高压所控制。副热带高压就像一个旱魃，它走到哪里，哪里就会又热又干，从它身上吹出的风，自然也是热风，因此，夏季时吹出的东风和南风，不但不会带来降雨，还会使当地高温连连，酷暑难耐，出现严重干旱天气。

看节气判炎热

二十四节气是中国古代订立的一种用来指导农事的补充历法，它们能反映季节的变化，指导农事活动，影响着千家万户的衣食住行。

在火热的夏季，根据节气日当天出现的天气，有时也能判断未来一段时间是否会出现高温热浪。

立夏无雨三伏热

每年 5 月 5 日前后是农历的立夏。立夏是夏季的第一个节气。在天文学上，立夏表示即将告别春天，是夏日天的开始。立夏之后，温度明显升高，雷雨增多，农作物将进入一个旺长的重要时节。

立夏在战国末年（公元前 239 年）就已经确立了，古书中这样描述："立夏之日，蝼蝈鸣。又五日，蚯蚓出。又五日，王瓜生。"意思是说，立夏这天，人们可以听到青蛙的叫声，五天之后，蚯蚓从土里钻出来，再过五天，王瓜的蔓藤开始快速攀爬生长。明代也有人这样写道："孟夏之日，天地始交，万物并秀。"在中国广袤的土地上，进入夏季后，夏收作物进入生长后期，冬小麦扬花灌浆，油菜接近成熟，夏收作物年景基本定局，所以农谚有"立夏看夏"之说。中国自古以来很重视立夏节气，据记载，周朝时，立夏这天，帝王要亲率文武百官到郊外"迎夏"，并指令司徒等官去各地勉励农民抓紧耕作。

通过多年的观察，人们得出了一个基本规律：立夏这天的天气如何，对未来天气的走向起着指示牌作用，农村有这样的谚语："立夏无雨三伏热，重阳无雨一冬晴。"意思是说，立夏这天要是没有下雨，那么三伏天将特别炎热；重阳（农历九月初九）这天要是没有下雨，那么整个冬季都将是晴天少雨的天气。

不过，也有气象专家指出，这句谚语的预报准确率并不太高。因为按气候学标准，只有当日平均气温稳定升到22℃以上才是夏季开始，按照这一标准，立夏前后，中国只有福州到南岭一线以南地区真正进入夏季，而东北和西北的部分地区这时则刚刚进入春季，因此这句谚语的适用范畴并不大。

芒种雨，日晒路

芒种是夏季的第三个节气，一般为每年农历的6月5

日左右。顾名思义，"芒"指有芒作物如小麦、大麦等，"种"指种子。芒种即表明小麦等有芒作物成熟。中国古书《月令七十二候集解》这样写道："五月节，谓有芒之种谷可稼种矣"。意思是大麦、小麦等有芒作物种子已经成熟，抢收十分急迫，同时，晚谷、黍、稷等夏播作物也进入了播种的最忙季节。芒种到来，农村争分夺秒，进入了一年中最为紧张的农忙季节。人们常说的"三夏"大忙季节，即指忙于夏收、夏种和春播作物的夏管。所以，从农村的角度来说，芒种也称为"忙种"、"忙着种"，它预示着农民开始了忙碌的田间生活。

人们根据芒种这天的天气，总结出这样的规律：芒种这一天如果下雨，那么往下这个节气都将是晴天，反之，如果芒种这天是晴天，太阳晒得路面发烫，那么接下来将不断有西北向的雷阵雨袭来，因此谚语有"芒种雨，日晒路"、"芒种火烧街，西北（雨）十八个"等说法。

气象专家指出，芒种前后，中国中部的长江中下游地区，雨量增多，气温升高，进入了连绵阴雨的梅雨季节，空气潮湿，天气异常闷热，但有时也会出现干旱的情况，至于谚语中所说的情况，专家称这可能是一种小概率事件。但不管如何，芒种这天如果下雨，我们就要作好防御高温热浪的准备了。

夏至无云三伏热

夏至是二十四节气中最早被确定的一个节气。每年的夏至从 6 月 21 日（或 22 日）开始，至 7 月 7 日（或 8 日）结束。公元前七世纪，中国古人采用土圭测日影，从而确定了夏至。夏至这天，太阳直射地面的位置到达一年的最北端，几乎直射北回归线，北半球的白昼达到最长，且越往北昼越长。夏至以后，太阳直射地面的位置逐渐南移，北半球的白昼日渐缩短。因此民间有"吃过夏至面，一天短一线"的说法。

天文学上规定，夏至为北半球夏季的开始。过了夏至，虽然太阳直射点逐渐向南移动，北半球白昼一天比一天缩短，黑夜一天比一天加长。但由于太阳辐射到地面的热量仍比地面向空中散发的多，故在以后的一段时间内，气温将继续升高，因此有"夏至不过不热"的说法。

关于夏至和未来天气的关系，人们也总结出了如下这些谚语——

"夏至无云三伏热"，意思是说，夏至这天要是天上无云，那么三伏天（即初伏、中伏、末伏，分别在夏至后的第三个庚日、第四个庚日和立秋后第一个庚日，三伏天是一年中天气最热的时期）将特别炎热。

"夏至响雷三伏冷，夏至无雨晒死人"，意思是说，夏至这天要是下雷阵雨，那么三伏天就不会感到炎热，要是夏至这天没有雨，那么整个夏天将出现高温天气，使人感到暑热难耐。

"芒种下雨火烧鸡，夏至下雨烂草鞋"，"火烧鸡"指高温炎热，意思是说芒种这天下雨，往下一段时间将是高温炎热的天气，而如果夏至这天下雨，将出现长时间的降雨，致使草鞋浸烂。

小暑北风水流柴，大暑北风天红霞

小暑指每年的 7 月 7 日或 8 日。暑，表示炎热的意思，小暑为小热，意思是这时还不十分热。大暑在每年的 7 月 22 日或 23 日，这时正值中伏前后，是一年中最热的时期，气温最高，农作物生长最快，大部分地区的旱、涝、风灾也最为频繁。

关于小暑和大暑，也有不少预测后期天气的农谚——

"小暑北风水流柴，大暑北风天红霞"，意思是小暑这天如果刮北风，将有连续的暴雨，造成洪灾（冲走木柴）；如果大暑这天刮北风则不会下雨，将会出现旱情。

"夏至沧没透，大暑来沧凑"，意思是夏至这天要是没有热透，即不是大热天，那么大暑这天必是高温炎热的天气。

此外，在炎热少雨季节，滴雨似黄金，中国的江苏、浙江一带有"小暑雨如银，大暑雨如金"、"伏里多雨，囤里多米"、"伏天雨丰，粮丰棉丰"、"伏不受旱，一亩增一担"等说法。如大暑前后出现阴雨，则预示以后雨水多，农谚有"大暑有雨多雨，秋水足；大暑无雨少雨，吃水愁"的说法。

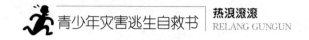

黄梅季节观旱情

每年的农历五月，正值梅子黄熟时节，中国长江中下游流域会进入一段特殊的时期，这就是令人烦恼的黄梅时节。

众所周知，黄梅季节一到，淅淅沥沥的雨就会下个不停，不过，有时候黄梅季节也会出现高温热浪天气。下面，咱们一起去解开这个谜团。

雨梅和旱梅

咱们先来欣赏一首描写雨梅的诗。这首诗是宋朝诗人赵诗秀写的《约客》："黄梅时节家家雨，青草池塘处处蛙。有约不来夜过半，闲敲棋子落灯花。"

这首诗描写的正是江南一带的黄梅雨：黄梅时节，细雨淅淅沥沥下个不停，润及千家万户。开头一句，展现的是南国一片迷蒙的整体景象，接着是草地池塘的近景。前者是目所见，后者是耳所闻。江南风景，可谓写得有声有色。诗的后两句"有约不来过夜半，闲敲棋子落灯花",写诗人深夜候客,无所事事,轻敲棋子——诗人时时在捕捉客人到来的脚步声,但听到的却是一片蛙鸣。

从这首诗我们可以看出,黄梅雨天里,江南一带的人们只能待在家中,因为到处都在下雨,因此高温热浪此时无影无踪。

不过,黄梅时节并不都是雨天,如果遇到旱梅,江南一带又是另一番风景了。下面咱们再欣赏另一位宋朝诗人曾几写的古诗《三衢道中》:"梅子黄时日日晴,小溪泛尽却山行。绿阴不减来时路,添得黄鹂四五声。"诗的意思说得很明白:梅子成熟的季节,每天都是大晴天,诗人乘船去游山,到了小溪的尽头,又换走山路。游山归来的路上,绿阴仍然不减登山时的浓郁,而路边绿林中又增添了几声悦耳的黄莺鸣叫声。

从气候的角度来解释,《三衢道中》向我们描述的,正是人们到山中避暑的情景:"梅子黄时日日晴",可以想象当地的气候应该比较炎热,这也是诗人选择到山中避暑的主要原因。

上面两首诗写的都是黄梅季节的情景,但一雨一旱,景象千差万别,可以说正是两种气候影响的结果。那么,旱梅的出现有没有征兆呢?

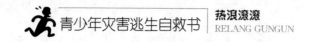

梅里西南风，老鲤鱼爬潭

　　咱们先来看风向和黄梅时节的关系。江南一带最典型的谚语是这一句："梅里西南风，老鲤鱼爬潭。"意思是黄梅季节里，如果吹的是西南风，那么天气就会晴好干旱，在高温热浪的侵袭下，潭里的水会越来越少，老鲤鱼不得不浮出水面来大口呼吸。专家指出，西南风之所以会带来高温天气，是因为这时南方已经处于副热带高压的控制下，从它那里吹来的风，当然是又热又干，不可能下雨了。

　　按照民间的标准，黄梅季节应该划为两个阶段：一般情况下，刚入梅的前 15 天被称为莳天，莳天的特点是湿度大，但温度不是太高；入梅的后 15 天称为梅天，它的特点是温度高。民间有这样的谚语："梅里西风莳里雨，莳里西风当日雨。"意思是说，如果黄梅季节吹西风，那么预兆莳天会下雨，而如果莳天里吹西风，那么预兆梅天会少雨，当地将迎来高温干旱天气。"黄梅寒，井底干；莳里寒，没竹竿"，这句谚语的意思是，如果黄梅季节天寒，那么预兆少雨或干旱；如果莳天里天寒，那么预兆多雨或洪涝。"梅里伏，热得哭"，意思是说，黄梅季节没有结束便直接进入三伏天，那么预兆这个夏天的天气将十分酷热。

雨打黄梅脚，井底要进圻

人们把刚刚入梅的时间叫做黄梅头，而将黄梅季节行将结束的时间叫做黄梅脚。雨在黄梅头下，还是在黄梅脚下，两者预兆的天气可谓天差地别。

"雨打黄梅脚，井底要进圻"，这句谚语是说黄梅季节要结束时下雨，那么未来一段时间井底的土都会干裂，也就是说，这个谚语预兆的是高温干旱。这是为什么呢？专家指出，黄梅季节临近结束，恰逢小暑节气之后，正当7月上中旬，如果在此期间下雨，表示北方冷空气能量快要耗尽，而南方的温湿气团出现突破性的强势，并控制着天空，这样，本地区上空没有冷空气与之交锋，当然不会下雨。此时此刻，完全由强势的副热带高压控制着天空，天气稳定，晴朗持久，所以说"井底要进圻"。当然，这是形容晴朗的天气多，并不是真正干得连井底淖泥都开裂。

类似的谚语还有很多。"雨打黄梅头，四十五天没日头；雨打黄梅脚，四十五天田发白"，说的是黄梅季节刚开始时下雨，那么阴雨天将会持续四十五天，而黄梅季节将要结束时下雨，未来四十五天内都不会下雨，田会干得发白。"雨打梅头，得转牛头；雨打梅脚，踏断牛脚"，这里的"得转牛头"，指未来雨很多，而"踏断牛脚"，形容天气干旱。另外，"雨落黄梅头，小麦逐个堆；雨落黄梅脚，车断黄牛脚"，说的也是同一意思。

　　黄梅季节和节气联系起来，也能预测未来的天气。在江南一带的农村，种田人都知道"芒种三日后入梅，小暑三日后出梅"。意思是说，芒种节气之后的三日，江南一带便进入了黄梅天，而进入小暑后的三日，黄梅季节便结束了。不过，如果在小暑这一天打雷，那么情况就会很糟糕，种田人日盼夜盼的出梅就会成为泡影，当地又会回到水淋淋的黄梅天，所以有"小暑一声雷，倒转作黄梅"之说。

　　4月的雨水，人们称之为桃花水，民间有"桃花水多，黄梅水少"、"发尽桃花水，必有旱黄梅"的谚语，因此，每年4月雨水的多寡，也可以作为判断黄梅季节是否出现高温干旱的一个依据。

昆虫知晴热

昆虫大多长得小巧，而且毫不起眼，但它们却是预报天气的主力兵团，在高温热浪天气来临之前，它们有什么样的反应呢？

雨中知了叫，报告晴天到

下了一上午的雨。到了中午，雨还未停歇，但外面已经响起了"嘶——知了，知了……"的声音。

"这场雨一停，看来又得热几天了。"种了一辈子庄稼的老王走出屋子，准备去把自家蓄水池里的出水口堵上。

"王大爷，天上还在下雨，你怎么把塘堵上了，万一水漫过池塘，路就会被淹没呀！"一个骑车路过的年轻人不解地说，"你是不是老糊涂了？"

"我才没糊涂呢，这雨很快就会停，而且接下来几天都是大晴天，不蓄点水，到时秧田就灌不上水了。"

"你咋知道接下来几天会晴？"年轻人笑嘻嘻地说，

"莫非你老会算？"

"你没听见知了在叫吗？"老王指了指四周，"'雨中知了叫，报告晴天到'，这是老祖先传下来的经验，不会有错。再说，我侍弄了一辈子庄稼，知了啥时骗过咱？"

"好了好了，我不和你说了，我还得赶去城里干活哩。"年轻说着，急匆匆骑车走了。

到了下午一点左右，雨果然停了，之后几天，太阳火辣辣地照耀着大地，一些蓄水不多的池塘很快干涸了，但老王家的蓄水池却发挥了大作用。

知了，学名叫蝉，是一种会飞的昆虫。蝉一般在晴好天气鸣叫，而阴雨天气则无声无息，所以农村有谚语："蝉鸣天气晴，雨天蝉不鸣。"在炎炎夏日里，蝉鸣往往预示着炎热天气将持续，所以有"知了鸣，天放晴"的说法。不过，在雨天行将结束的时候，蝉也会叫，这时的蝉鸣往往预兆着晴好炎热天气的到来，所以有"雨中知了叫，报告晴天到"、"蝉在雨中叫，预报晴天到"、"雨中听蝉叫，可知晴天到"等种种说法。

那么，蝉为什么会预报晴好炎热天气呢？原来，这是由蝉的生理特性决定的，蝉对天气变化比较敏感，尤其是晴雨变化。在蝉的家族里，雌蝉都是哑巴，它们从不会鸣叫，而雄蝉则个个是歌唱家，它们靠高亢激昂的歌声吸引雌蝉，并最终赢得爱情，完成生儿育女的人生大事。不过，雄蝉唱歌也是有讲究的：如果未来是阴雨天气，雄蝉们一般都不会鸣叫（即使要叫也是断断续续），因为这种天气不适合谈情说爱；如果未来是炎热晴好天气，雄蝉们就会大声高歌，争取让新娘来到自己身边。因为蝉的生命很短暂，所以有时雨天还未结束，但如果预感到未来天气会转好，它们便会起劲唱歌，以只争朝夕的精神繁殖后代，这便是"蝉在雨中叫，预报晴天到"的原因。

昆虫飞行家族的杰出代表还有蜻蜓和蜜蜂。蜻蜓是完美的飞行大师，它在空中飞行的高低，与天气有着直接关系：如果未来天气要变坏，如出现暴风雨等，它们就会飞得很低，这一方面是为了捕捉虫子，另一方面也是因为空气湿度加大，它们的翅膀被粘住而飞不高，因此有"蜻蜓低，带棕衣"之说；但如果未来天气晴好，蜻蜓就会飞得很高，因此说"蜻蜓高，晒得焦"。此外，蜻蜓家族中有一种比较凶悍的独行侠，被称为黑蜻蜓。它们腹部呈灰白色，身体其他地方呈黑色。这种黑蜻蜓平时独来独往，很少成群结伙，当未来会发生干旱时，它们就会凑在一起，像无头苍蝇般飞来飞去，所以民间有"黑蜻蜓乱，天气要旱"的谚语。

咱们再来看看蜜蜂。蜜蜂也是飞行大师，不过它们的前后两对翅膀很轻薄，如果沾上湿气，它们的体重就会增加，翅膀变软变重，振翅频率减慢，飞行较困难，所以在降雨天气来临前，它们只好待在蜂巢里不出来。如果未来天气转好，辛勤的蜜蜂马上就会飞出蜂巢去采集花蜜，所以有"蜜蜂出巢天气晴"、"蜜蜂带雨采蜜天将晴"、"蜜蜂归窠迟，来日好天气"、"蜜蜂采蜜，未来天晴朗"等谚语。

蝼蛄叫，晴天到

蝼蛄俗名拉拉蛄、土狗子，它们长着一对硬硬的前爪，经常在土里钻进钻出。这些家伙十分怕热，经常是昼伏夜出，一般晚上 9—11 时是它们活动的高峰期，而白天它们则躲在地下睡大觉，特别是夏天炎热的中午，它们常潜到深土层去避暑。

蝼蛄与蝉一样，不但能感知天气变化，而且也会唱歌，如果第二天天气晴好，蝼蛄在夜间活动时，就会大声唱歌，所以农村有"蝼蛄叫，晴天到"、"蝼蛄唱歌，天气晴和"的说法。据分析，蝼蛄唱歌可能是对未来天气的一种担忧，它们以此种方式互相提醒，以提前做好防暑工作。

　　与此类似的还有蟋蟀。雄蟋蟀也是靠唱歌捕获异性芳心的高手，如果第二天天气晴好，蟋蟀们就会摆开擂台，以对歌方式进行激烈竞争，胜利者抱得美人归，所以说"夜间蟋蟀高唱，明天天气晴朗"。

　　蜗牛是一种到处旅行的小家伙，虽然肩膀上背着房子，但它们特别怕热，只喜欢潮湿、阴凉的地方，每当气温上升时，它们就会向阴凉处逃跑，以免在半路上被晒死，农村有"蜗牛纳凉，第二天热得慌"的说法。所以，要是你看见蜗牛一个劲儿地向阴凉处逃跑，便可以肯定第二天是个大晴天。

　　"梁上君子"——蜘蛛也会预报晴雨。蜘蛛靠吐丝织网谋生，可谓是守株待兔的高手，但它们的收成也与天气息息相关：天气晴好的时候，气压上升，湿度减小，昆虫飞得欢，它们的收成就多，反之，阴雨天气压下降，湿度增大，昆虫飞不起来，它们的收成就很差。不过不要担心，蜘蛛不但会织网，而且还会预报天气哩：如果未来天气晴，它们就赶紧织网，未来要下雨，它们就把网收起来，"蜘蛛张了网，必定大太阳"，"蜘蛛结网准送晴，蜘蛛收网天准阴"，"蜘蛛结网，久雨必晴"，这些谚语说的正是这个意思。

禽鸟知天晴

鸟儿和人类饲养的家禽对天气变化也十分敏感，未来天气是否晴好，会不会出现高温热浪天气，它们事先都会有所反应。

日常生活中，如果你关注它们的一举一动，很可能就会捕捉到晴好高温天气的蛛丝马迹哩。

鸡鸭早归笼，明日太阳红

太阳落山了，但大地上仍有些火热。这时，一股凉风吹来，在院子里乘凉的人们都感觉舒服了许多。

"该下雨了，"来乡下度暑假的小张瞧了瞧天空，说，"已经有一周没下雨了，再不下点雨，人就要被热死了。"

"我看这雨没戏，明天准又是一个大晴天！"一旁的外公摇了摇头。

"外公，天上出现了那么多云，怎么会不下雨呢？"小张表示不理解。

"天上是出现了一些云，但那些都不像下雨的云。"

外公指着院子角落的鸡笼说，"你瞧，天刚黑，鸡就跑进笼里去了，明天咋会下雨嘛？"

"鸡进笼子就不会下雨？"小张有些惊讶。

"你外公说得没错，只要鸡鸭早早入笼，明天很可能又是一个大晴天。"外婆把鸡笼关好说，"只有鸡鸭迟迟不回笼，第二天才有可能下雨。"

"这是怎么回事呢？"小张感到很好奇。

"我们农村有句谚语，叫'鸡鸭早归笼，明日太阳红'，意思就是说头天晚上如果鸡鸭早早进入笼中，第二天太阳一定会红彤彤地挂在天空。"外公吸了一口旱烟，说，"鸡鸭从不欺骗主人，它们预报天气准得很哩。"

"外公外婆，那你们知道其中的原因吗？"

"这个，我们哪里知道……"外公外婆答不上来了。

其实，家禽（特别是鸡）预报天气的例子在农村比较常见，与"鸡鸭早归笼，明日太阳红"相对应的谚语是"鸡进笼晚兆阴雨"，说的是鸡如果进笼比较晚，那么第二天一定是阴雨天气。据分析，这可能是下雨之前，气压降低，湿度增大，昆虫们都贴着地面飞，鸡要觅虫食，再加上笼里闷，所以它们都不愿早早进笼，反之，如果第二天是晴好天气，鸡们便都宁愿早早入睡。另有专家认为，家鸡的睡姿也与天气有联系，如鸡头向外，则天气晴朗；如果鸡头向里，则天气要变，有雨；如果鸡头不里不外，身体横在鸡窝里，则天气阴郁。

此外，在闽南地区流传有一句关于鸡与天气的谚语："鸡晒翅，发大日；鸡晒腿，发大水。"一名叫陈福气的厦门农民经过长期观察和总结，验证了这条谚语的准确性。他解释，如果看到家中的鸡晒太阳时，不仅张开了翅膀，还伸出了腿，则预示着未来几天会出太阳；而如果晒太阳的鸡只是伸出腿，就预示着未来几天会下大雨。陈福气说，不只是鸡，鸭子的这一动作也能用来预测天气，只是没有鸡准确。不过，这一现象目前没有科学的解释。

燕子赶集天要旱？

鸟儿是大自然的精灵，它们在长期进化过程中，为生存繁衍形成了各自适应环境的特殊器官，对节令更换、阳光强弱及风雨雷电等现象极为敏感，人类从其发出的不同鸣叫、飞行动态或迁移之举，便能测知气象形势。

下面，咱们看一个具体的事例。

燕子是益鸟，也是人类的好朋友，很多时候，它们都是夫妻双双把家还，但有时候，成千上万只燕子会聚集在一起赶集。据分析，这种群燕聚集的现象，往往与当地的气候变化有关：大多数时候，群燕赶集预兆的往往是阴雨天气，因为风雨来临前，稻田里的害虫都会爬出来活动，于是燕子们便聚在一起大快朵颐。不过，燕子赶集也有例外的时候。

2006 年 6 月中旬，每到傍晚降临，重庆荣昌县盘龙镇盘周街上的 4 条电线上就会密密麻麻地落满燕子。这些燕子都是从远处飞来的，它们的数量达到了上万只。来到盘龙镇后，燕子们不吵不闹，既不捉虫，也不追逐嬉戏，它们十分安静，整齐地排列着，一动不动地蹲在电线上，第二天天亮后又整齐地全部离开。燕子们的奇怪举动引起了镇上居民的好奇，不过燕子是益鸟，而且在农村代表吉祥，所以没人去惊动它们。燕子们来来去去，持续了一周多时间后突然消失。此后的两个月，包括荣昌县在内的川渝地区高温连连，热浪袭人，出现了百年不遇的特大干旱。事后，有人分析燕子赶集可能是一种预兆：燕子们预感到当地要发生大旱，所以聚集在一起互通信息，商量应对办法，之后，它们选择了逃之夭夭。

这种个例比较少，未得到普遍认同，不过，如果出现燕子赶集的现象，也应引起我们的足够重视。

预报晴好天气的鸟儿还有老鹰、喜鹊等。俗话说

"老鹰呼风，无雨下"，老鹰如果在天空飞扬盘旋，说明天上没有浓云，而且能见度大，所以一般不会下雨。"喜鹊枝头叫，出门晴天报"，意思是只要听见喜鹊在枝头欢愉鸣叫，那么当天一定是个大好晴天。"麻雀跳，天要晴"，指晴天早晨，麻雀东跳西跃，预示未来天气继续晴朗，而当它们缩着头发出吱——吱的长叫声时，预示着不久后将有阴雨。

另外，猫头鹰在夏秋季节的日出或黄昏时，如果两声三声地连着叫，叫声低沉如哭泣，并在树枝间东跳西跃，很不安宁，表明快要下雨了，反之，如果它们比较安静，那么晴好高温天气将持续。乌鸦在低空飞行，同时不断鸣叫，这是天晴的征兆，而如果它发出含水般的叫声，表示雨天会继续，或晴天将要变阴雨天。黄鹏如果发出类似猫的叫声，这是阴雨天气的征兆，但如果它发出长笛般的鸣叫，则预示晴好的天气。

植物报高温

植物也能预测高温热浪天气？

这可不是天方夜谭，前面我们介绍了动物洞察天地的本领，事实上一些植物也有这种奇术，它们像气象预报人员一样，也能对包括高温在内的晴好天气作出较准确的预报哩。

奇妙的风雨花

2009 年 8 月的一天，在云南西双版纳的一个植物园，一群游客在导游的带领下，兴致勃勃地观赏园内的各种热带植物。

"下面，我向大家隆重介绍一位气象专家，"当大家走到一处花台前时，导游故作神秘地说，"这位专家是这个植物园内的顶级明星，它不但长得美丽，而且还能预报天气哩。"

"专家在哪里？"游客们四处张望，周围连一个人影也没有。

"我所说的专家，就是大家眼前的这株花!"导游笑眯眯地指着眼前一株高不足 1 米的花说，"因为能预先知道天气变化，因此人们都叫它风雨花。这种花原产墨西哥和古巴，喜欢生长在肥沃、排水良好、略带黏性的土壤里，它不喜欢寒冷，只能生长在温度比较高的地区，所以中国只有西双版纳能让它安家乐业。"

"什么，这种花能预报天气?"游客们颇感惊奇。大家仔细观看，只见眼前风雨花的叶子呈扁线形，弯弯悬垂，很像韭菜的长叶，它的鳞茎呈圆形，比葱兰略为粗壮一些。在鳞茎顶端，一些颜色粉红的花儿迎风招展，看上去十分美丽。

"这种花是石蒜科葱兰，属草本花卉，它的别称有好几个，有人叫它红玉帘，有人叫它菖蒲莲，还有人叫它韭莲。"导游说，"它预报天气的奥秘，就在于它那神奇的花朵。"

"这到底是怎么回事呢?"大家迫不及待想知道答案。

"这种花一般在春夏季节开花，它开花有一个特点，那就是暴风雨将要来临时，它才会大量开花，而如果天气干旱，它就会迟迟不开花。"导游说，"人们根据它的这一特点，就能知道近期天气是下暴雨，还是会维持高温。"

"太神奇了，真不愧是风雨花！"游客们大为赞叹，并纷纷与这株奇花合影留念。

那么，风雨花预报风雨的奥秘何在呢？专家分析，这是因为暴风雨到来之前，外界大气压降低，天气闷热，植物的蒸腾作用增大，使风雨花贮藏养料的鳞茎产生大量促进开花的激素，从而使它开放出许多花朵来。

风雨花十分罕见，不过有一种奇花可与它媲美，这就是生长在澳大利亚和新西兰的报雨花。这种花非常像中国的菊花，花瓣呈长条形，有各种不同的颜色和花姿，不同的是，报雨花的花朵比菊花大 2—3 倍，看上去显得更加艳丽。它预报天气主要通过花瓣进行：如果未来天气变坏，将出现暴风雨时，报雨花的花瓣就会萎缩，把花蕊紧紧地包裹起来，而当未来天气晴朗，不会出现降雨时，它的花瓣便会全部展开，露出里面的花蕊。当地居民出门之前，一般都会看一下报雨花，如果花开就不会下雨，如果花萎缩，就预示着将会下雨，因此当地人亲切地称它为植物气象员。

据科学家研究，报雨花之所以能预报晴雨天气，是因为它的花瓣对湿度比较敏感：当空气湿度增加到一定程度时，其花瓣就会萎缩，把花蕊紧紧地包起来；而当空气湿度降低时，它的花瓣又会慢慢地展开。

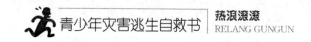

不可思议的气温草

花儿能预报晴雨，而草也当仁不让。这其中，一种生长在瑞典的草因为能像温度计一样测量出温度的高低，因而获得了气温草的美名。

这种草生长在瑞典南部地区，它的叶片为椭圆形，开蓝、黄、白三种颜色的花，因此人们又叫它三色堇。这种草的叶片对气温反应极为敏感，并且随温度高低呈现出不同的形状：当气温在20℃以上时，它的叶片向斜上方伸出，似乎是因为怕热而敞开胸怀散热；若气温降到15℃时，叶片慢慢向下运动，直到与地面平行为止；当气温降至10℃时，叶片就向斜下方伸出。如果温度回升，叶片又恢复为原状——当地居民根据草的叶片伸展方向，便可知道温度的高低。

除了气温草，一些多年生草本植物，如结缕草和茅草也能够预测天气：结缕草在叶茎交叉处出现霉毛团，或茅草的叶茎交界处冒水沫时，就预示要出现阴雨天，因此有"结缕草长霉，天将下雨"、"茅草叶柄吐沫，明天冒雨干活"的谚语，反之，天气就会维持晴好高温天气，甚至会出现旱情。

预报天气的大树

更神奇的是，大树也能预报天气。在安徽和县大滕村，有一棵株高 7 米、树围 3 米多的大树，这棵树的树冠覆盖面积达 100 多平方米。当地人通过多年的观察和总结，发现这棵树发芽时间早迟和树叶疏密状况能预测旱涝：若它在谷雨前发芽，且芽多叶茂，即预示当年雨水多，往往有涝灾；若正常发芽，且叶片分布有疏有密，即预示风调雨顺；如推迟发芽，叶片也长得少，则为少雨年份，当地夏季常常会出现高温天气，并酿成严重旱灾。

实践证明，这棵树的预报很准确：1934 年它推迟到农历六月份才发芽，结果和县出现特大旱灾；1954 年它发芽又早又多，那年和县发了大水；1978 年它推迟到端午节才发芽，果然又是大旱年；1981 年它发芽时间正常，全株树叶有疏有密，当年和县风调雨顺，五谷丰登。科学家对这棵奇妙的气象树进行了研究，发现它对生态环境反应特别敏感，因而能对气候变化做出不同的反应。

在广西忻城县龙顶村也有一棵会预报天气的大树。这是棵 100 多年树龄的青冈树，它的叶片颜色会随着天气变化而变化：晴天时，树叶呈深绿色；久旱将要下雨前，树叶变成红色；雨后天气转晴时，树叶又恢复成原来的深绿色。科学家经过研究，揭开了这棵青冈树树叶颜色变化能预报天气之谜。原来，树叶中除了含有叶绿素之外，还含有叶黄素、花青素、胡萝卜素等。叶绿素是叶片中的主要色素，在大树生长过程中，当叶绿素的代谢正常时，便在叶片中占有优势，其他色素就被掩盖了，因此叶片呈绿色。由于这棵青冈树对气候变化非常敏感，在长期干旱即将下雨前，常有一段时间是闷热强光天气，这时树叶中叶绿素的合成受到了抑制，而花青素的合成却加速了，并在叶片中占了优势，因而树叶由绿变红。当干旱和强光解除后，花青素的合成受到抑制，却加速了叶绿素的合成，这样叶色又恢复了原来的深绿色。

热浪防御及逃生

抓住高温"牛鼻子"

发布高温预警

人工增雨退退烧

高温天气防中暑

预防高温病

空调,想说爱你不容易

下河游泳要小心

科学锻炼最重要

请离动物远一点

高温行车保安全

谨防"惹火"上身

抓住高温"牛鼻子"

对付高温热浪天气，必须要抓住高温这个"牛鼻子"，对此，我们首先要知道高温是如何测出来的，并弄清楚电视里所说的人体舒适度指数是怎么回事？

下面，咱们就一起走进气象局，听气象专家给我们讲解吧。

高温监测和预报

气象工作人员每天观测的温度可分为两种，一种是气温，它是指离地面 1.5 米高处的百叶箱温度。这个有严格的标准，比如百叶箱必须放置在观测场内，而且要有良好的通风条件等。百叶箱内一共有 4 支温度表，其中竖放的那支温度表叫干球温度表，它读取的数据就是当时的气温，另一支竖放的温度表根部缠有湿润纱布，叫做湿球温度表，这支表读取的温度和干球温度表的读数进行换算，就可以得出空气中的水汽压和相对湿度。另外 2 支横放的表，一支叫最低温度表，它的感应液体是酒精，酒精柱里有一根蓝色的标签,这根标签在气温下降时跟着下移,但气温上升时它却原地不动,因此,标签指示的刻度便是一天的最低温度。另一支横放的表,当然就是最高温度表了,它的感应液体是水银。最高温度表的根部比较狭窄,当气温上升时,水银柱膨胀跟着上升,而当气温下降时,由于通道很窄,上去的水银自己不会掉下来,因此,水银柱指示的刻度便是一天中的最高气温了。

除了气温,地面温度(简称地温)也是每天必须要观测的项目。观测场内专门有一块平整出来的长方形场地,里面不能长草,也不能有杂物,地面温度表、地面最低温度表和地面最高温度表便按次序排列在里面(有些还排列有竖放的温度表,用来观测不同深度土壤下的温度),这些表的构造与气温表差不多,观测原理也相同。每天,气象工作人员要进行四次定时观测,将观测到的数据传输到上一级气象部门。

瞧,气象工作人员开始观测了,哇,不得了,今天下午2点的气温达到了37℃,而地面温度更是高达51℃,难怪天气这么炎热!气象工作人员还介绍说,现在的观测设备都实行了自动化,会自动把观测到的数据传输到电脑上。因此,市民随时可以通过网络查询温度,或者拨打天气预报咨询电话"96121"了解。在城镇和人口密集的农村,气象部门还建有电子显示屏,只要望一眼显示屏,气温、相对湿度、风向、风速等便可一目了然。

接下来是高温天气的预报。气象工作人员将采集到的气温、湿度、风向风速等气象信息，汇总后上报给气象预报专家，预报专家结合各地的气象信息进行分析。这其中，天气图、数值天气预报、卫星云图、雷达回波等都会派上用场。根据这些数据和信息，计算机会运算出一个参考数值，专家们最后集中"会诊"，并最终确定次日天气预报中最低温度与最高温度的具体数字。

与暴雨、台风等灾害性天气一样，气象专家的预报不可能达到百分之百准确，不过，天气预报对我们防御高温热浪仍具有重要的参考作用，因此，应养成每天收看（收听）天气预报的好习惯。

什么是体感温度

弄清了高温天气的监测和预报，下面咱们去了解一下体感温度。

2013年7月的一天，北京某电视台的记者曾作了一个试验，他把一枚鸡蛋打开，将里面的蛋清和蛋黄倒在街边的一个井盖上，几分钟后，蛋清和蛋黄凝固，冒出了缕缕热气——在高温热浪的炙烤下，地上的井盖竟像烙铁一般，将生鸡蛋烤熟了！在杭州，也有人拿了酒精温度表去测街上的温度。他将温度表在街边路面上仅仅比画了一下，温

度表的红色酒精柱很快便突破了极限值，它的上限是
50℃。这两个例子中，无论是记者还是市民测得的温度，
都比气象局测的要高一些。不过，这并不奇怪，因为气象
观测场一般在郊区，气象工作人员测量的是郊区的温度，
而非市中心的温度，再加上气象观测温度表是放置在百叶
箱内的，所以两者有较大的区别。

炎炎夏日，可能你会有这样的感受：气象局实测的温
度与你自身感觉的温度有一些差异，气象局的温度总要比
你感觉的低一些。实际上，这是一种正常现象。在气象科
学上，气象温度与体感温度是两个不同的概念。体感温度，
是指人们所感知的温度，它受到包括风、湿度、日照等气
象要素的影响。为了消除这些气象要素带来的误会，气象
部门推出了一个新的预报品种：人体舒适度指数。

人体舒适度指数

如果你经常收看电视天气预报，就会听到气象先生
或气象小姐讲一个时髦的词语：人体舒适度指数。

人体舒适度指数，是为了从气象角度来评价在不同气
候条件下人的舒适感，根据人类机体与大气环境之间的热
交换而制定的生物气象指标。气象专家告诉我们，影响人
体舒适程度的气象因素，首先是气温，其次是湿度，再其
次就是风向、风速等。人体舒适度指数就是建立在气象要

素预报的基础上，较好地反映多数人群的身体感受的综合气象指标或参数，它可以帮助人们对大气环境有所了解，对人们及时采取措施，预防疾病发生，减少因情绪而造成的工作、生活决策失误等具有积极意义。

人体舒适度指数预报，一般分为以下等级对外发布。

4级：人体感觉很热，极不适应，希注意防暑降温，以防中暑。

3级：人体感觉炎热，很不舒适，希注意防暑降温。

2级：人体感觉偏热，不舒适，可适当降温。

1级：人体感觉偏暖，较为舒适。

0级：人体感觉最为舒适，最可接受。

－1级：人体感觉略偏凉，较为舒适。

－2级：人体感觉较冷（清凉），不舒适，请注意保暖。

－3级：人体感觉很冷，很不舒适，希注意保暖防寒。

－4级：人体感觉寒冷，极不适应，希注意保暖防寒，防止冻伤。

从以上可以看出，当人体舒适度指数在2级以上时，我们就应做好降温防暑工作，特别是指数达到3级和4级时，更要特别小心。

发布高温预警

高温热浪天气来临，气象台除了发布常规天气预报外，还要根据高温的厉害程度发布高温预警，提醒社会公众注意做好防暑工作。

何时发布高温预警

我们都知道，世界气象组织建议的高温热浪标准为"日最高气温高于32℃，且持续3天以上"，而中国气象学上一般把日最高气温达到或超过35℃时称为高温，如果连续几天最高气温都超过35℃时，即可称作高温热浪天气。2012年5月，中国国家安全监管总局、卫生部、人力资源和社会保障部、全国总工会联合修订并起草了《防暑降温措施管理办法》，向社会广泛征集意见。意见稿对高温天气做了明确规定：指地市级以上气象主管部门所属气象台站向公众发布的日最高气温35℃以上的天气。

中国的高温天气主要集中在5—10月。从地理位置上看，除青藏高原等部分地区以外，几乎绝大多数地方都出现过高温天气，其中，江南、华南、西南及新疆都是高温的频发地。据 1951—2009 年的资料统计，在中国省级以上城市中，除拉萨、昆明没有高温天气外，其余均出现过高温天气，重庆出现的次数最多，达 1853 天，西宁最少，只有 3 天。中国的新疆盆地也是高温的频发地，像吐鲁番多次出现全月（6、7、8月）所有天都为高温的情况。

为了防御高温热浪天气，中国气象局制定了高温预警发布办法，规定在一定时间内，最高温度达到一定的高度则为高温预警。高温预警信号分为三级，分别以黄色、橙色、红色表示，颜色越深，表示高温的级别越高，其危害也会越大。

高温黄色预警信号发布标准为：连续 3 天日最高气温在 35℃以上。专家告诉我们，收到黄色预警信号后，有关部门和单位应按照职责做好防暑降温准备工作，社会公众午后要尽量减少户外活动，同时，要对老、弱、病、幼人群提供防暑降温指导，在高温条件下作业和白天需要长时间进行户外露天作业的人员，此时也应当采取必要的防护措施。

高温橙色预警信号发布的标准是：24 小时内最高气温升至 37℃以上。橙色预警信号表示高温还会加剧，所以有关部门和单位要按照职责落实防暑降温保障措施，老百姓要尽量避免在高温时段进行户外活动，高温条件下作业的人员应当缩短连续工作时间，同时，要对老、弱、病、幼人群提供防暑降温指导，并采取必要的防护措施。因为气温过高，有关部门和单位应当注意防范因用电量过高，以及电线、变压器等电力负载过大而引发火灾。

高温红色预警信号发布的标准是：24小时内最高气温升至40℃以上。这是高温预警的最高级别，收到这种预警信号后，有关部门和单位要按照职责采取防暑降温应急措施，除特殊行业外，户外露天作业的人们都要停止工作，对老、弱、病、幼人群要采取保护措施，同时，有关部门和单位要特别注意防火。

预警信号可越级发布

气象专家告诉我们，黄色、橙色和红色高温预警信号可以越级发布，如高温一下来得很猛，就可以从相应的级别发布。不过，一般情况下是依次递增发布的，也就是说，黄色预警信号发布后，如果最高气温还会往上升，那么就会发布橙色预警信号；橙色预警信号发布后，气温继续上升，就会发布红色预警信号。如2013年7月初开始，中国南方地区高温天气不断发展、势如猛虎，到 7 月下旬，江南大部、重庆等地 35℃以上高温日数已达 12—20 天，湖南东部、浙江中北部达 20 天以上，武汉、南京、福州、合肥等省会城市气温均创下 2013 年新高。7 月 25 日，中国中央气象台发布了黄色高温预警，仅仅过了一天，中央气象台便将黄色预警升级，发布了橙色预警信号。

除了中央气象台发布高温预警信号外，省（区、市）气象台及市（州）气象台、县气象站也可以发布高温预警信号，而且各地可以根据当地的实际情况，制定不同的发布标准。如 2010 年 7 月 29 日，四川省气象台发布橙色高温预警信号指出："预计今天白天到明天白天，达州、南充、广安、巴中、宜宾、泸州、遂宁、内江、自贡、资阳 10 市的部分地方最高气温将达 36—38℃或以上。成都、广元、绵阳、德阳、眉山、乐山、雅安 7 市部分地方最高气温将达 34—36℃或以上。"很显然，这个标准是根据四川实际制定的。

世界各国的高温预警

世界上许多国家都把高温热浪天气视如大敌，并制定了相应的高温预警发布办法。

欧洲南部是热浪频繁光顾的地区，因此欧洲各国特别重视高温预警。2009年7月，位于地中海北岸的希腊遭到热浪袭击。7月7日，希腊国家气象局发布通知，指出从7月8日开始，热浪将袭击希腊大部分地区，届时伯罗奔尼撒半岛的气温将超过35℃，南部岛屿气温预计达到41℃，某些地区还可能遭遇42℃的高温，并提醒老、弱、病、残、孕等人员尽可能减少户外活动，待在通风条件良好的室内或有空调的地方。通知还要求政府部门开放所有公共区域空调。2012年8月中下旬，欧洲大部分地区遭遇高温天气，其中意大利的佛罗伦萨等地最高气温超过了40℃，为此，意大利的中南部地区发布了多次高温红色预警，提醒公众注意防暑。

美国也是一个经常遭热浪袭击的国家，据统计，该国平均每年有600多人因天气过热致死，对此，美国的高温预警发布得也比较及时。2013年7月中旬，美国东北部和中西部地区遭遇夏季最大范围高温热浪天气持续袭击，7月17日，美国多地迎来一年中最热的一天，许多地区最高气温达到或超过了100华氏度（约为37.8℃）。当天，有19个州部分地区发布了高温警报，气象部门警告，未来几天这种高温天气仍将持续，波士顿等地将出现今年以来持续时间最久的高温天气，建议老人、幼儿和心血管疾病患者减少室外活动并多喝水。

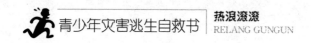

人工增雨退退烧

在高温热浪笼罩的日子里，有时偶尔也会有含雨的云层从我们头顶经过，此时，如果抓住难得的机会，开展人工增雨作业，就能使大地在一定程度上"退退烧"。

人工增雨的历史

《西游记》里有一个故事：天竺国在祭拜天神时，因一时疏忽，惹怒了玉皇大帝。玉帝一生气，就使那个地方三年没有下雨，旱灾使得人们无法生存。后来唐僧师徒取经路过，孙悟空上天找玉帝论理，玉帝自知理亏，才下令降下了大雨。

下雨，难道真的是玉皇大帝的专利吗？神话传说当然不可信，随着科学技术的发展，咱们人类早就掌握了呼风唤雨的奥秘。1946 年，美国科学家雪佛尔等人发现，干冰和碘化银可以作为高效的冷云催化剂，增加云中的冰晶数量，进而增加雨滴的数量和直径，提高云降水的转化率。这一发现，开创了人工影响天气的新时代。从那时起至今，全世界已有 100 多个国家和地区先后开展过人工增雨试验。

中国的人工增雨开始于 20 世纪 50 年代。1958 年，吉林省出现百年未遇的干旱，中国气象局、中国科学院、吉林省政府联合开展了首次飞机人工增雨的试验并获得成功。其后的数十年间，全国绝大多数省（区、市）陆续开展了人工影响天气工作。经过半个多世纪的发展，中国的人工影响天气作业规模已达到世界第一。目前，全国常年租用的人工增雨飞机达 30 余架，有 30 个省（区、市）的 1862 个县（包括县级单位）开展了高炮、火箭人工增雨防雹作业，拥有专用高炮 6900 余门，各型火箭发射架 3800 余台，从业人员达 3.5 万余人。

人工增雨最常用的三种方法是高射炮、火箭和飞机，下面，咱们就一一去看看这些气象武器是如何增雨的。

高射炮向天要雨

轰轰轰……一走进气象局，正赶上工作人员在开展人工增雨作业。只见 2 个工作人员站在一门 37 高射炮上，一边瞄准天上的黑云，一边猛踩发射器。一发接一发的炮弹瞬间钻入云霄，过了很久，才听到空中传来沉闷的爆炸声。"1，2，3，4……"工作人员一边数数，一边在本上快速记着数字。咦，他们在数什么呢？原来，工作人员在数炮弹的爆炸声。一般情况下，发射了多少发炮弹，就应该有多少声爆炸声。如果炮弹没有爆炸，落到地面上就比较危险了。

向天上打炮，老天就会下雨吗？原来，工作人员用的可不是一般的炮弹。这种炮弹里面装了一种叫碘化银的催化剂。炮弹一爆炸，碘化银便在空中像仙女散花一样，四散播撒开来。由于碘化银有结晶作用，会在云中不停吸引水汽，像裹雪球一样越长越大，当它们长大到一定程度，云的浮力托不住时，就会坠落到地面上，从而形成降雨。

火箭弹上天催雨

这一次，咱们到一个配备了车载火箭的气象局，看他们如何进行人工增雨作业。

接到增雨任务后，气象工作人员立刻驾驶一辆敞篷汽车出发了。用于增雨的火箭发射架固定在车厢里，三枚近一米长的火箭弹已经装上了发射架。火箭弹的头是尖尖的，后面有螺旋桨式的尾翼，它的飞行高度比高射炮弹高得多，而且携带的催化剂也比炮弹多，因此，用火箭弹增雨的效果比高射炮更好。

汽车驶出城郊，在一个比较空阔的地方停了下来。一下车，工作人员便忙碌起来。他们把电线的一端连接在发射架上，另一端和遥控器连在一起，然后大家赶紧往后退。由于火箭发射时震动很大，为了确保安全，工作人员必须远离发射架进行遥控发射。一切准备就绪，但操作人员仍迟迟没有按下发射按钮。他们在等什么呢？原来，为了飞机飞行安全，工作人员必须征得空域管理部门的同意，只有管理人员说可以发射了，操作人员才能开火。

"准备发射!"随着一声口令，操作人员迅速按下了发射按钮，只听轰隆一声巨响，烟雾弥漫，火箭弹拖着一道火光向天上飞去。紧接着，第二枚、第三枚火箭弹也腾空而起。过了差不多一分钟，空中才传来沉闷的爆炸声。火箭上天后不久，原来淅淅沥沥的雨突然大了起来。得了，咱们也赶紧找地方躲雨去吧。

飞机穿云降雨

飞机人工增雨作业，一般都是在晚上进行。作业人员告诉我们，这是因为晚上云层稳定，天气条件更适合开展增雨作业。

傍晚7点多，我们早早来到机场，远远便看到一架增雨小飞机停在机场上。在飞机的两扇机翼后端，各挂着一个架子，每个架子上都装满了碘化银，远远望去就像两个蜂巢式火箭发射筒。增雨的飞机，一般人是不能随便上去的，必须经过严格审批才允许登机。一切准备就绪后，在螺旋桨的轰鸣声中，我们的飞机拔地而起，向漆黑的夜空飞去。

飞机不断爬升，不一会儿便一头扎进厚厚的云层之中，这时四周一片白茫，舷窗外什么都看不到，只看到一缕缕的云丝从眼前飘过。开始进行增雨作业了，作业人员一摁控制器上的按钮，安装在飞机两侧机翼下的碘化银开始自动撒播。那些碘化银就像一粒粒细微的种子飘散在云层之中，它们不停吸收云中的水汽和小云滴，不断使自己成长壮大，并最终形成雨水降落到地面上。

在整个增雨过程中，作业人员各司其职，他们有的观测云层状况，及时撒播碘化银；有的负责信息传输和接收，时刻和地面上的指挥中心进行联系。这时，地面上的指挥人员也忙开了，他们通过雷达等现代化设备对天气进行监测，并结合空中云的状态，及时向飞机上的人员发出指令，指挥操作人员有的放矢地开展增雨作业。

增雨整整进行了 2 个多小时，携带的碘化银被撒播光了，我们的飞机才平稳返回机场。这次增雨十分成功，增雨范围达数万平方千米，不少地方都降下了大雨，增雨的效果是高射炮和火箭弹远远不能相比的。

不过，气象专家指出，利用人工增雨降温解暑，是在具备降雨云层的条件下，如果没有这种云层，人类再怎么努力都不可能把雨催下来。因此，在高温热浪笼罩时，我们一定要做好防御工作。

高温天气防中暑

高温热浪袭来时，往往晴空万里，阳光毒辣，数日滴雨不下，大地像着了火一般，此时，人类无论怎么努力都不能改变老天的脸色，只能选择与高温热浪抗衡。

中暑，是盛夏季节人类必须要迈过的第一道槛。

小伙逛街中暑

2013 年 8 月 7 日，山东青岛市笼罩在高温热浪编织的蒸笼中。下午 5 点左右，该市城阳派出所民警接到群众报警：在城阳区国城路旁的荷花池边有个人，半个身子扎在水池内一动不动。

民警立即赶到国城路，在长满了荷叶的水池边，发现了一个身穿白色 T 恤的男子躺在那里，两眼微闭、嘴唇发紫，半边身子泡在水里，手掌已经被泡得泛白。民警伸手探探他的鼻子，发现还有浅浅的呼吸，于是赶紧将他抬出荷花池，扶到一边树下的阴凉地里。接着，民警试着用手按压他的人中穴，并找来湿毛巾给他擦脸，但这名男子都没有醒来。警察只好拨打了120。医生和男子的朋友相继赶来，经过简单救治，他终于醒了过来。原来，这名男子中午出来与女朋友约会，自认为身体很好，在没有任何防晒避暑措施下，逛了3个小时，由于天气炎热，在回去的路上他感到头晕、恶心、浑身乏力，看到路旁不远处有个水池，于是想过去凉快一下，没想到刚走到水池边，便两眼一黑晕了过去，还好没有完全扎进水池，否则后果不可预料。

据医生诊断，这名男子之所以晕倒，是因为中暑。中暑可以说是人类的一大杀手。2013年夏季，英国遭受了7年来持续时间最长的热浪袭击，英国气象部门7月17日在伦敦西南部测得最高气温32.2℃，创下该国全年最高气温纪录。在持续近一周30℃以上的高温天气中，有540—760人死亡，其中大部分是死于高温热浪导致的中暑。在这些中暑死亡的人中，甚至还有两名年轻的士兵：他们在参加空降特种兵甄选测验时，不幸中暑身亡。同样的中暑事件还发生在日本，2013年夏季日本也遭遇了热浪的袭击，出现全国性高温天气，据媒体报道，日本全国某日就有至少902人因中暑被送往医院，其中1人死亡，3人意识不清。

专家介绍，中暑体内产生的热能因环境因素而不能适当地向外散发，积聚而发生高热的病症。因为人体的体温是恒定的，当气温高于33℃时，皮肤散热就很困难，人体就会产生闷热的感觉；当气温高于35℃以上时，如果通风不良，人体散热受到更大影响。一些人因身体散热困难，热量积蓄在体内无法散发就会出现中暑现象。中暑的表现主要是全身发热，体温可达40—41℃，并伴有头晕、胸闷、口渴、恶心等症状，严重时人面色苍白、血压下降、脉搏细弱甚至昏倒。中暑可分为先兆中暑、轻度中暑以及重度中暑，而在重度中暑中，又分为中暑高热、中暑衰竭、中暑痉挛以及热射病，而一旦达到热射病的程度，就基本上无法挽救了。

高温防暑建议

高温天气里，我们如何防暑呢？请看专家的防暑建议。

防暑建议之一：吃好喝好。盛夏人们的吃喝问题很重要，专家建议，首先要注意补充营养素，特别是补充足够的蛋白质；其次要补充维生素，多吃新鲜蔬菜和水果；再次，要补充水和无机盐，可食用含钾高的食物，如水果、蔬菜、豆类或豆制品、海带、蛋类等，多吃西瓜、苦瓜、桃、乌梅、草莓、西红柿、黄瓜、绿豆等清热利湿的食物。另外，在夏天喝粥也大有好处。

防暑建议之二：注意防晒降温。中暑的发生不仅和气温有关，还与湿度、风速、劳动强度、高温环境、曝晒时间、体质强弱、营养状况及水盐供给等情况有关，因此要注意防晒降温，特别是长时间在野外工作的人员。

防暑建议之三：高温天气合理喝水。烈日炎炎，人们特别容易口渴，需要随时喝水，如何喝水才是科学的呢？专家指出，一是饮水莫待口渴时，口渴时表明人体水分已失去平衡，细胞开始脱水，此时喝水为时已晚；二是大渴忌过饮，这样喝水会使胃难以适应，造成不良后果；三是用餐前和用餐时不宜喝水，因为进餐前和进餐时喝水，会冲淡消化液，不利于食物的消化吸收，长期如此对身体不利；四是早晨起床时先喝一些水，可以补充一夜所消耗的水分，降低血液浓度，促进血液循环，维持体液的正常水平。

防暑建议之四：中暑后的处理方法。专家指出，高温中暑常发人群一般为高温作业工人、夏天露天作业工人、夏季旅游者、家庭中的老年人、长期卧床不起的人、产妇和婴儿。若有人员中暑，可采取以下救护办法：

1. 立即将病人移到通风、阴凉、干燥的地方，如走廊、树阴下。

2. 让病人仰卧，解开衣扣，脱去或松开衣服。如衣服被汗水湿透，应更换干衣服，同时开电扇或开空调，以尽快散热。

3. 尽快冷却体温，降至38℃以下。具体做法有用凉湿毛巾冷敷头部、腋下以及腹股沟等处；用温水或酒精擦拭全身；冷水浸浴15至30分钟。

4. 意识清醒的病人或经过降温清醒的病人可饮服绿豆汤、淡盐水等解暑。

5. 可服用人丹和藿香正气水。另外，对于重症中暑病人，要立即拨打120电话，以求助医务人员紧急救治。

预防高温病

日射病、热伤风、皮肤瘙痒、肠胃不适……炎炎夏日，在热浪的侵袭下，各种各样的高温病纷至沓来。

预防高温病，你准备好了吗？

预计日射病

2013年7月24日，在江苏扬州的一处建筑工地上，一名40多岁的男子顶着烈日正在作业，突然，他身体一歪倒了下去。"怎么回事？快醒醒！"工友们赶紧围过来，把他扶了起来。然而这名男子浑身抽搐，身体热得发烫。突然之间，大家闻到一股臭气。"不好，他已经大小便失禁，应该尽快送医院！"工友们赶紧拨打了120急救电话。

经过医生诊断，这名男子患的是一种夏天容易患的高温病——日射病。他的脑部已经出现损伤，基本处于病危状态，幸亏送医及时，经过一周的治疗，这名男子才逐步脱离了危险。

　　什么叫日射病呢？专家告诉我们，当我们在户外活动时，在强烈的阳光直射下，人的大脑和脑膜的生理功能会受到影响，出现头晕、头痛、耳鸣、眼花，严重的还会出现昏迷、抽风等症状，这种病叫日射病。这是由于阳光照射没有防护的头部后，热能通过皮肤和颅骨，使颅内组织过热，脑膜温度升高，造成脑膜和大脑充血、出血、水肿等，如不及时抢救，会有生命危险。专家指出，有三类人群容易患日射病，第一类是在太阳直射下，长时间工作且进食、进水少的人群；第二类是已有初期中暑先兆，且身体抵抗力差的人群；第三类是年老体弱的城市居民，如长期处于闷热的环境中，也有可能患上此病。

　　酷暑中，我们该如何预防日射病呢？专家指出：高热天气里，户外活动者、重体力劳动者、上了年纪的体弱老人要切实做好防暑降温工作，及时补充水分，尽量避免午后气温最高的时候外出活动，应多吃西瓜、冬瓜、苦瓜、绿豆等降火食物。当然，最好的防御还是在外出时尽量做好防晒措施，在气温过高时不从事户外活动，注意加强休息。

　　如果高温下有人昏迷，可采取以下救助措施：轻者要迅速到阴凉通风处仰卧休息，解开衣扣、腰带，敞开上衣。可服十滴水、人丹等防治中暑的药品；如果患者的体温持续上升时，有条件的可以用温水浸泡下半身，并用湿毛巾擦浴上半身；如果患者出现意识不清或痉挛，这时应取昏迷体位。（侧卧，头向后仰）在通知急救中心的同时，注意保证呼吸道畅通。

预防热伤风

8月里的一天，小华一早起来，感觉头昏脑涨，身体很不舒服，妈妈拿体温计给他一量，好家伙，39℃，发烧了！妈妈赶紧把小华送到医院。只见医院里看病的人排成了长队，不少人症状都和小华差不多。经过诊断，医生说小华得的是热伤风，并开了一些药。小华回去按时服用，没两天病便好了。

热伤风，就是酷暑天得的感冒，中医称之为暑湿感冒。热伤风多发生于夏至以后，尤其在闷热潮湿的桑拿天。专家指出，一般患热伤风有两个方面的原因，第一个原因是内因，包括由于太热，消耗过大、天气热睡不好觉、嗓子疼什么也吃不了、活动太少、受其他影响导致的生气上火等；第二个原因是外因，包括冲凉水、空调温度过低、睡觉不盖被子、长时间吹风扇等。患了热伤风的人，往往会出现发热、头痛、鼻塞流涕、咽喉红肿疼痛、咳嗽痰黄、口干舌燥等一系列症状。

如何预防热伤风呢？专家介绍，预防热伤风，日常生活习惯是关键：一、空调温度设定不要太低，建议房间内使用空调时，温度设定要适宜，室内外温差以不超过7℃为宜，睡眠时还应再高1—2℃，同时应该减少待在空调房间里的时间，适当在外面走走，加强耐热锻炼；二、饮食以清淡口味为主，避免过食生冷和油腻辛辣的食物，可以增吃一些苦味食物，如苦瓜、苦菜、草头、百合、马兰、莴笋、黄花菜、慈姑，这些食物味苦或微苦，既清心除烦，健脾祛湿，又增进食欲；三、保证充足睡眠，最好中午小憩一会儿，以利消除疲劳，焕发精神，在适当休息后还应配合适量的运动；四、保持良好心情，炎热的暑气最易扰乱心神而经常失眠、发怒的人容易引起免疫功能下降，所以，应保持良好的心情和豁达的心胸，从而在一定程度上起到预防热感冒的功效。

预防皮肤病

高温天气里，医院皮肤科常常人满为患，挤满了前来就诊的患者。

据医生介绍，夏天皮科门诊中最常见的就是过敏性皮炎患者。因为夏天天气闷热，人体排汗不畅，所以容易导致皮肤过敏症，特别是 10 岁以下的儿童，容易患丘疹样荨麻疹、湿疹、接触性皮炎等，这是由于儿童对高温高湿天气的适应能力差，以及蚊虫叮咬、花粉、粉尘过敏等引起的。要预防过敏性皮炎，就应注意尽量避免上午 10 时到下午 3 时的日晒，若需较长时间暴露于日光下时，要尽量穿长袖衣裤，戴遮阳帽或打遮阳伞，外出应涂防晒霜。另外，要增加皮肤清洁次数，尽量保持皮肤干燥和清爽，穿宽松、吸汗的衣物，以防汗液增多。为避免霉菌滋生导致或加重感染，还可以给脖颈、腋窝、肘窝等部位扑痱子粉、爽身粉，症状严重者可以使用干燥收敛和抗真菌的药物。

在高温高湿环境下，人的肠胃功能减弱，此时如果过多进食凉食和冷饮，就会引发胃肠痉挛、吐泻或肠胃绞痛，因此不可暴饮暴食凉食或冷饮，以免患病。盛夏季节，细菌、病毒等微生物大量滋生，还极易使食物腐败变质，食用后会引起消化不良、急性胃肠炎、痢疾、腹泻等疾病，因此应避免食用腐败变质食物。

空调，想说爱你不容易

高温热浪笼罩下，有人因节约电费，不开空调而热死，而有人却因贪图凉快，长时间开空调而患病。空调，想说爱你不容易！

盛夏季节，我们该如何使用空调、电风扇等降温工具呢？

不开空调被热死

2013 年 8 月 19 日下午 2 点 55 分左右，日本大阪警方接到一座公寓的管理人打来的电话："我们这里 5 楼一户人家发出了异样臭味，希望您们能来看看这户人家是否安好。"接到电话后，警察迅速赶到了该市北区的一座豪华公寓，在公寓管理人员的带领下，警察打开门锁进入房内。在装饰豪华的室内，他们发现了两具 80 多岁的老妇尸体，其中一具尸体倒卧在房间的窗户边，另一具则坐在椅子上，看上去令人触目惊心。

通过了解，警察得悉这两名老妇的年纪分别为 81 岁和 87 岁，她们从 9 年前搬进这座豪华公寓。从公寓的监控录像中可以看到：8 月 11 日上午，两人一起外出，后来又一起回家，但从 8 月 13 日开始，她们便再也没有外出过，而门口的报箱里也开始积压报纸。警察仔细检查后，发现厨房附近的窗户开着，室内装有空调，但是插头被拔掉了。两人身上均无外伤，可以排除他杀的可能性。通过判断，警察认为她们是因为未开空调，被高温天气热死的。

这起事件在日本国内外产生了很大影响，不过，这只是冰山一角。据东京都监察医院的调查结果显示，2013 年夏季，日本各地出现异常高温，从 7 月 6 日至 8 月 13 日的 39 天时间里，仅东京都就有 78 人因中暑而死亡，其中 83％为 65 岁以上的老年人。室内死亡人数占到全体死亡人数的 88％，而死亡的原因几乎都是因为没有使用空调。

在中国，也有舍不得开空调或风扇而热出人命的悲剧发生。2007 年 8 月 7 日上午，江西南昌市南池路桃竹魏村，有一名老汉死在了不足 8 平方米的出租房内。警方检查现场后，没有发现老汉身上没有任何伤痕，初步认定是自然死亡。而据老汉家人介绍，老人有心脏病，不过身体一直不错，生活也很节俭，在房间睡觉一般都不开电扇。家人由此怀疑，老人可能是因为天热引发心脏病或者中暑而死亡的。

2013年7月底，杭州一位姓何的老人大热天不开空调，结果热出了热射病，随时都有生命危险，家人赶紧把她送到医院。医生说，病人送来时已经多脏器功能衰竭，随时都有可能不治离世。护士帮她量了下体温，有41.7℃，但摸她的身上，却一滴汗都没有。据病人家属介绍，老人平时跟丈夫两个人在家，她觉得开空调太浪费，所以哪怕气温飙到了40.4℃，她都没有开空调。连熬两天后，何大妈先是恶心、呕吐，然后意识不清。经诊断，她是重度中暑，也就是医学上说的热射病。

医生由此指出，不管对年轻人还是老年人，高温天开空调都是必要的，但温度最好控制在26—28℃。医生建议，清晨老年人可以到外面走走，等到中午再开空调，下午4点以后再开窗通通风。还有一点需要特别注意，不要频繁进出空调房间，走进空调房间时应先把身上的汗擦干。

对开车的驾驶人员来说，不开空调也可能会被热死。2010年7月5日，山东济南一名46岁的男子在学车时突然晕厥，在送医院途中不治身亡。据患者家属介绍，这名学车的男子死亡前一天就感觉不舒服，不过没在意。7

月 5 日早晨 7 点多开始，他去开车，一直坐在车里闷了一上午，车上空调又没开，中午 12 点 50 分时突然晕倒。当时患者体温很高，他先被送到就近的卫生院抢救，效果不佳。家属又赶紧拨打 120。医院的救护车赶到时，病人已停止呼吸。考虑到患者没有基础病史，医生估计与天气炎热和劳累有关，确诊为"热衰竭死亡"，并由此提醒大家：夏季练车最好避开中午高温时间。

预防空调病

不开空调有可能会被热死，而长时间开空调却有可能会患空调病。

什么是空调病呢？空调病指长时间在空调环境下工作学习的人，因空气不流通，环境得不到改善，会出现鼻塞、头昏、打喷嚏、耳鸣、乏力、记忆力减退等症状，以及一些皮肤过敏的症状，如皮肤发紧发干、易过敏、皮肤变差等，这类现象在现代医学上也称之为空调综合征。

空调病的主要症状因各人的适应能力不同而有差异。一般来说，易患空调病的主要是老人、儿童和妇女。一般表现为畏冷不适、疲乏无力、四肢肌肉关节酸痛、头痛、腰痛，严重的还可引起口眼歪斜。

如何预防空调病呢？专家指出，预防空调病要经常开窗换气，最好在开机1－3小时后关机，要多利用自然风降低室内温度；室温最好定在25－27℃，室内外温差不要超过7℃；有空调的房间应注意保持清洁卫生，最好每半个月清洗一次空调过滤网；办公桌不要安排在冷风直吹处，若长时间坐着办公，应适当增添衣服，在膝部覆盖毛巾加以保护；下班回家后，先洗个温水澡，自行按摩一番，再适当加以锻炼，增强自身抵抗力。

空调车司机同样也要注意预防空调病。使用汽车空调时，不要把温度调得过低，车内外温差最好在10℃以内；不要在空调车内抽烟，不然就应把空调通风控制开关调到"排出"；不要在开着空调的停驶车里睡觉，因为车内通风较差，发动机排出的一氧化碳会渗漏到车内使人中毒；停在烈日中的车最好不要马上使用空调，应打开车窗让热气排出，等车内温度下降后再关闭车窗开启空调。

下河游泳要小心

扑通，扑通，河边传来戏水的声音，原来是一群人在游泳。

高温热浪笼罩下，河边和池塘成了人们消暑清凉的一大选择，不过，下河游泳你可得小心！

下河游泳把命丧

2013 年 7 月 4 日傍晚，太阳落山了，但浙江绍兴市仍笼罩在高温热浪之中。19 时 30 分左右，一名男子吃完晚饭后从家里出来，感觉十分闷热，于是走到小区旁边的一条河边，看着清凉的河水，他不觉动了下去游泳的念头。

尽管吃晚饭时喝了点酒，脚步有些不稳，但他还是脱了衣服走到河边，一下将身子扑进河中游了起来。周围群众看见有人下河游泳，都感觉有些好奇，因为这条河是不允许下去游泳的。大家看了一会儿，正要散去时，突然发现河中的人不见了。"不好，他可能沉下去了！"

人们赶紧行动起来，有的组织下河救人，有的赶紧拨打120。很快，该男子被救了上来，随后，120救护车将他送往市医院抢救。但是经过半个小时左右的抢救，该男子的眼睛还是没有再睁开。据判断，他极可能是因为酒精作用，游泳时没有了知觉，导致溺水身亡。

盛夏季节，天气酷热难耐，下河游泳溺水事件时有发生。2010年7月，俄罗斯遭受热浪侵袭，有近300人就在寻找清凉时不幸溺死。俄罗斯紧急情况部的代表在接受俄罗斯新闻社的采访时说："在过去的7天中，全俄罗斯有285人在河中溺死。主要的死亡原因是在毫无防护的水域游泳，甚至是酒后游泳。"

专家指出，每年夏天都是游泳溺亡事件的高发期，特别是此时正值学校放暑假，学生私自下河游泳存在很大危险。

2012年5月4日，重庆市巴南区烈日高悬，天气十分闷热。下午3点多，该区珞璜镇长合村小学四年级的学生刘韦、王飞和吴洪，邀同学蒋永一起去珞璜电厂门前的河中游泳。来到河边，刘韦、王飞和吴洪先后下了水，蒋永看见水流有点急，她是女生，因为胆小，没有跟着下水："你们去游吧，我就不下去了。"

在河边浅水区游了一会儿后，刘韦等人的胆子渐渐大了起来,他们开始往深水区游去。蒋永一个人在河边玩耍,突然之间,她看见王飞游着游着,脑袋忽上忽下,似乎呛了水,于是大声喊叫起来,要王飞用力划,可是没过多久,王飞便沉了下去。看见王飞沉下去后,刘韦和吴洪都着急了。刘韦扶着吴洪的肩膀,他们一起努力,试图向浅水区游去,但是最终他们还是沉了下去。看到此情此景,在岸上的蒋永吓得哭了起来。当时,在他们游泳的小河附近,停靠着一艘渔船,蒋永的哭声惊动了船上的人,一位姓汤的先生立即赶来跳入水中,经过一番找寻,他将王飞救起,但最终王飞还是因抢救无效死亡。随后,警方和相关部门也赶到现场施救,但吴洪和刘韦再也不可能救活了。

夏天私自下河游泳,即使是中学生也会遭遇不测。2013年7月24日下午,在江苏南通市如皋石庄思江村,3名16岁的中学生相约到一条小河里游泳消暑。这条小河其实是个取土坑,水挺干净,看起来也不是很深的样子,他们就大胆下去了。可是越往中间游,一名叫小黄的同学越觉得不对劲。"这水怎么越来越深?"他对身边的同学小石说,"咱们赶紧上去吧!""可是张凯怎么不见了?"小石看了看四周,发现同学张凯不见了。"张凯,你在哪里?快出来啊!"两人沿着河边找了十几分钟,然而始终没有张凯的影子，小黄赶紧拿起手机报了警。接到报警电话后，派出所的民警立即赶到现场，并调来一艘小船，几位村干部和村民也自发地赶来，帮忙下河搜寻。最后，人们在河中打捞起了张凯，然而他已经永远闭上了眼睛。

夏天游泳须注意什么

专家提醒我们：盛夏高温期间，下河游泳须特别谨慎，成年人饮酒后或者身体不适时千万不要游泳，以免发生意外；小孩应尽量避免在江、河、湖、海等自然水域游泳，如果要在这些地方游泳，则必须是在大人陪同下，千万不可单独去。

夏天的高温下，有些人为了降温消暑，还可能跑到一些喷水池里去游泳。如2013年8月17日，在烈日照射下，成都市气温达到了37℃，为了避暑降温，不少小朋友将街边喷水池当成了游泳池，在里面撒野戏水，尽管池子一旁立有"水池有电，禁止入水"的警示牌，但这些孩子却视若无睹。专家指出，这种行为一定要禁止，千万不可疏忽大意，以免触电酿成悲剧。

专家还告诉我们，夏天在外面游泳，一定要注意保护好皮肤。有些人群不适合到游泳池游泳，因游泳池的水中含有高氯的消毒水，有的人对氯过敏，应避免到游泳池里去。此外，脓疱疮的患者，以及有脚气、烂脚丫、体癣、病毒性结膜炎的患者也不要去游泳池游泳。我们在户外的河塘里游泳时，一定要注意防晒，因为长时间暴晒会引起急性皮炎。夏日里，上午 10 时至下午 4 时，是紫外线最强烈的时候，可选择涂抹防晒指数在 30 以上的防晒霜，并且每两个小时要重擦一次。另外，每次游泳两小时后，要进行冲洗和休息。因为在水里浸泡的时间长了之后，皮肤的防护屏障就会受到破坏，容易引起细菌感染、病毒感染和传染性疾病。

在露天的河塘里游泳，还需注意防止蚊虫叮咬。一些水里的生物如蚂蟥会咬人，引起皮肤病。皮肤破损有外伤的人也不要到河道里游泳，要选择水质好的地方游泳，不在不干净的地方坐。游泳使用的毛巾、拖鞋等必须专人专用，不能与他人混用。游泳完之后，皮肤上容易滋生细菌，影响皮肤健康，所以清洗尤为重要。对于头发、外阴、腋下等部位更要重点清洗。

科学锻炼最重要

俗话说"冬练三九，夏练三伏"，然而盛夏季节，面对 30℃以上的高温，你该如何锻炼呢？

专家指出：夏天锻炼是一门学问，如果方法不当，不仅起不到健身的效果，还可能会伤害身体。

晒伤和脱水

下午，太阳火辣辣地照射着篮球场，但小李和同学们却全然不顾，他们在球场上左冲右突，激烈战斗了两三个小时，当时感觉十分过瘾。不过，打完球下来后，小李在穿衣服时发现自己全身晒得发红，而且双臂发热生疼。当时他也没有过多在意，到了第二天，情况更加糟糕，他的双臂出现脱皮，甚至起了水泡，疼痛难忍。到医院后，医生诊断他是被太阳晒伤了。

晒伤又称为日光性皮炎，是由于日光的中波紫外线过度照射后，引起人体局部皮肤发生的光毒反应。晒伤的症状和体征一般出现于 1—24 小时内，除严重反应外，

72 小时内达高峰。皮肤变化从轻度红斑伴短暂鳞屑形成至疼痛，水肿，皮肤触痛和大泡，并累及下肢，尤其是胫前，特别令人烦恼，且常不易痊愈。医生指出，在以晴热干燥为主的高温天气里运动，紫外线对人类的威胁很大，特别是在紫外线指数达到最高等级的 5 级天气里锻炼，如果不涂抹任何防晒产品和采取任何保护措施，只需要短短 20 分钟就能将人的皮肤晒伤。

在高温天气里进行打球、跑步等剧烈运动，还会出现一种症状——脱水。2010 年 7 月的一天下午，成都市一名 10 多岁的学生打完篮球后回到家中，突然觉得胸闷、呼吸困难，并且症状越来越严重，送到医院后心电图诊断显示心律失常，经检查确认该学生突发急性心梗，心脏血管出现了堵塞。据孩子的母亲回忆，他此前曾打了一个多小时的篮球，运动后一口水都没喝，回到家后就发病了。医生分析，这名小孩出现的症状，就是运动后脱水造成的。在高温天气下运动会大量出汗，带走人体中的热量。虽然出汗是生理调节，但大量出汗而不及时补液，将导致脱水，轻者产生口渴、尿少、疲劳、肌肉抽筋，严重者可能引起中暑甚至危及生命，尤其是平时患有冠心病、高血压、高血脂的中老年人运动时，如果不及时补液，很容易增加血液的黏稠度，造成心血管

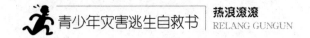

意外发病。

高温锻炼惹的祸

2007 年 7 月的一天，杭州一位 65 岁的老人在晨练时突然倒下，送到医院后很快停止了呼吸。据家属讲，这位老人平时身体很好，前一天晚上和家人一起看电视到 9 点多便睡下，第二天早上出去时还好好的，没想到这一去便成了永别。

老人晨练为何突然死亡呢？医生解释，这种现象就是我们通常所说的猝死。猝死是平素看来健康或病情已基本恢复或稳定，由心脏、脑血管破裂等原因引起的，从症状出现到死亡一小时以内，突发的非创伤性死亡。男性猝死率高于女性，较多发生于运动状态，尤其是高温下剧烈运动，发生猝死的几率更大。

2013 年 7 月 6 日上午 11 时许，西安市一位 55 岁的杨姓老人和朋友一起，到省体育场一家室内羽毛球场打球。在打球的过程中，他突然晕倒在地，朋友赶紧拨打120，急救车将他送至医院抢救，然而两小时后，杨先生的生命还是没有被挽回。医生诊断他是大面积心肌梗死，跟天气闷热、运动过量有关。无独有偶，2013 年 7 月 7 日晚，杭州某公司 24 岁的员工许某和同事一起去羽毛球

126

馆打羽毛球，打了半个小时左右，他觉得有点累，便下场休息。然而下场没多久，他便突然晕倒，后来再也没能醒过来，医生最终确定其为心源性猝死。

医生指出，高温是夏季猝死的一大诱因，八成以上的运动猝死都是由运动诱发心脏疾病导致的，尤其是在高温环境下，运动会加速心跳，加大心脏负荷，就有可能出现晕厥甚至心源性猝死。医生提醒说，在炎热的天气下做剧烈运动或长跑，还可能引致热衰竭，严重者造成多脏器功能衰竭。

高温天气如何锻炼

那么，高温天气下如何锻炼呢？专家告诉我们以下几条原则：

一是巧选运动时间。当外界气温发生变化的时候，我们的身体就会启动体温调节功能来适应外界的温度变化，但是当气温超过 35℃时，就会影响人体的体温调节功能。如果选择户外健身的话，可以选择一天中相对凉爽的时间进行。比如说可以在早上 7 点之前或者下午 6 点以后。可以选择室外阴凉通风的地方，运动时间不宜过长。

二是巧选运动装备。由于夏季温度湿度相对高，锻炼时应选择轻便、浅色、宽松、吸汗性好的衣服，比如说速干衣。一般速干衣的干燥速度比棉织物要快 50％，其特殊的质地可以将汗水和湿气迅速导离皮肤表面，保持皮肤干爽舒适。如果选择户外运动，最好再戴上太阳帽、涂抹防晒霜来防止紫外线的侵袭，并带上清凉油、人丹等以备中暑时用。

三是巧选运动项目。高温天气里有一些运动项目可以健身、避暑两不误。在这里向大家推荐两个避暑运动——溜冰和游泳。想必游泳大家都再熟悉不过了，而如今溜冰场也成了夏日新宠。溜冰场的冰面温度大概在零下 2℃，即使整个场馆不开空调，室内温度也在 24℃以下，非常凉快。

专家还指出，锻炼应当循序渐进，先室内后室外，如果你从室内到室外，那么先安排时间做一些简单、非剧烈的锻炼，让你的身体慢慢适应高温。在锻炼过程中，要及时补充水分，每隔 30 分钟时喝 180—350 毫升水。要留意中暑警报，当温度和湿度都特别高的时候，就不要在室外锻炼。

请离动物远一点

高温天气里，不但人的情绪会十分烦躁，而且动物们也会焦躁不安，一些平时乖巧温顺的动物此时可能会露出凶相，将人抓伤。

珍爱生命，请和动物们保持适当距离！

动物翻脸不认人

2012 年 7 月的一天上午，小明在同学家玩耍。同学家养了一只可爱的波斯猫，长得十分可爱，而且温顺可人，谁逗它也不会生气。不过，这天小明在逗它玩时，波斯猫显得很不耐烦，它先是警告般叫了两声，但小明并没在意，他一边和同学说话，一边继续抚摸它长长的毛发。突然，小明感到手臂一阵刺疼，低头一看，手被猫抓了两道长长的血痕，很快，殷红的血液流了出来，看上去触目惊心。

同学连忙带小明到医院治疗。在医院里，他们发现了不少前来就诊的病人，这些人与小明的伤情一样，都是被动物咬伤或抓伤。医生告诉他们，在这个季节要避免与动物有过多接触，不要主动逗弄小动物，以免惹祸上身。

　　在盛夏高温天气里，我们还要警惕一种与人类特别亲近的动物——狗。2013年8月初，在山东青岛市黄岛区大场镇，一村民家养的一只黄狗突然变得十分暴躁，它在村中到处乱窜，并且咬伤了一个小男孩。8月6日晚上，这只狗更是彻底疯狂，它在院子中狂吠了一夜，吵得村民们无法休息。第二天下午，黄狗依然不肯平静下来，它在村里四处游走，见人就想扑咬。为了避免它再次伤人，主人不得不拨打了110报警。警察赶到后，见主人家的院子里一片狼藉，到处都是被狗咬烂挠碎的东西。大家搜寻一番，发现黄狗藏在猪圈旁的鸡窝里喘粗气。正当警察拿着木棍上前准备按住它时，它不但不怕，而且扑过来张嘴就咬，幸好警察躲了过去。几分钟后，大伙将疯狗打死，并联系了村支部书记，找来防疫人员将疯狗做了消毒处理，然后深挖掩埋。据大家分析，这只狗过去很温顺，它之所以发疯，可能是因为近期的高温天气所致。被咬伤的男孩只有8岁，他的伤口得到处理，也注射了狂犬疫苗，但由于受到了惊吓，几天后仍不愿出来见人，而且只要一听到狗叫声，他就吓得浑身哆嗦。

在高温天气笼罩下，浙江省永嘉县也出现过恶狗威胁人的事件。2013年7月的一天，永嘉县消防人员接到报警，说南城街道永建路一家服装店闯进了一条大狼狗，怎么赶也赶不走，喉咙里还不时发出低沉的声音，很吓人。消防队员赶到现场，只见一条1米多长的棕色大狼狗趴在该店内，对着门外龇牙。由于该店位于县城闹市区，围观的居民越来越多，为了不让狼狗突然发狂伤人，消防队员在现场拉起了警戒线，同时找绳子制作好套索，并用火腿肠、肉骨头等食物吸引它。当大狼狗的戒备性有所降低后，消防队员猛地按住它，将它生擒活捉，随后装进袋子里，送往当地派出所处置。据了解，这条大狼狗是当天下午5点多跑出来的，起初它只是在服装店门口转悠，不知什么时候闯进了店内，4名女店员用扫把赶也赶不走，反而激怒了它，女店员被吓得躲进试衣间报警求助。现场一名居民说，当时服装店里开着空调，这条狼狗有可能是贪图凉快，跑进店里后赖着不肯离开。

高温天气里，动物园的动物们也充满危险。2010年夏季的一天，在欧洲某国的一个动物园内，有个小男孩在逗猴子玩时，由于离猴笼太近，被突然发怒的猴子抓伤。据统计，伤人的不只是猴子，一些平时温顺的动物们在高温天气下也极易发怒，此时若有人逗弄它们，就会招来灾祸。

高温天，请离动物远点

医学专家告诉我们，夏季天气炎热，导致动物也与人类一样，容易性情狂躁，其攻击性大大增强，极易伤人。同时，夏天人们衣服穿得少，皮肤裸露的面积比较大，因此也很容易被咬伤或抓伤。

夏天该如何与动物相处呢？对人类喂养的宠物而言，虽然过去它们比较温顺，但在炎热的天气里，也应和它们保持一定距离，市民遛狗时（时间最好为早7点之前和晚7点后）不要松开牵绳，并且要用狗罩罩上它们的嘴。同时，要注意给它们降温，洗凉水澡，并避免太阳曝晒，以缓解它们的心情。对于放假在家的中小学生，家长一定要看管好自家宠物，对自我保护能力差的儿童实施必要的监护，以降低孩子被咬伤的可能性。如果被狗、猫、宠物鼠等咬伤、抓伤，要先做三件事：用清水或肥皂水反复彻底冲洗伤口至少15分钟，再用碘酒或75％的酒精（医用酒精）消毒，伤口一般不宜缝合或包扎，然后去接种狂犬疫苗。

专家还提醒，和狗、猫打交道，要避免做任何突然性动作，因为即使是出于善意，也会使它们感觉受到威胁。如果路上有狗朝你狂吠示威时，不要和它的目光直接接触，也不要急于后退或逃跑，因为一退一逃，动物会追上来，人反而更容易遭到攻击。此时可冷静地绕道而行，一旦情况紧急，要及时报警求助。上山劳作或去野外游玩，应穿好鞋袜，扎紧裤腿，不要随便在草丛和蛇可能栖息的场所坐卧；若被蛇追逐时，应向上坡跑，或忽左忽右地转弯跑，切勿直跑或向下坡跑。

高温行车保安全

高温天气，公共汽车自燃如何逃生？还有，驾驶人员如何克服暑热天气确保行车安全呢？

公交车逃生宝典

2009 年 6 月 6 日晚 7 时许，重庆主城区，一辆公交车载着乘客向朝天门方向驶去。当车经过五里店永辉超市时，车厢中部的井盖下突然冒出青烟，随之，一股焦臭味扑鼻而来。"怎么回事？"就在乘客们困惑不解时，只见一团火苗从客车底盘下窜出来，险些将一位女乘客的裙子引燃。

"车起火了，快停车逃命！"坐在后排的乘客率先反应过来，他们一边叫喊，一边从座位上跳起，挤上狭窄的通道，一齐拥向车门。此时，车厢中部紧邻火源的乘客也惊慌地站起身来，一度与后排乘客拥堵在通道上，大家你挤我，我挤你，靠窗一侧的乘客甚至推开车窗探出腿，准备直接跳下车去。

就在场面混乱至极的关头，只听驾驶座方向传来一声高呼："莫慌，莫打挤，挨个走！"驾驶员的一句话使乘客们猛然清醒过来，大家按照先后次序，快速地从车门逃了出去。

类似的公交车自燃事件还发生在福州。2007 年 6 月 27 日上午 11 时许，福州一辆公交车在行驶路上突然自燃，可司机没有察觉，继续开车前行。又行驶了三四百米后，后面的一部公交车加速赶上来，车上乘客不约而同向这边喊道："快停车，快停车，后面冒烟了！"司机赶紧停车，只见公交车尾部已经冒起浓烟，火正往上蹿。"快点下车，车着火了！"司机边喊边急忙打开车门疏散乘客。由于车后厢已冒起浓烟，车上 20 多名乘客蜂拥着朝前门挤下车，其中，有 4 名年青人透过车后窗户看到火势在蔓延，慌忙间砸破窗户，从车窗跳下。消防人员接警后迅速赶到现场，10 分钟后，大火被完全扑灭，但公交车已被烧得只剩下框架。

近年来，公交车自燃的事件时有发生，如何逃生成了人人关注的话题。专家指出，炎炎夏季是公交车起火事件的旺季，公交车从起火到整车燃烧一般只有 3—5 分钟时间。遇到险情，最为重要的一点就是沉着冷静，千万不要惊慌，避免踩踏事件发生。专家提醒市民，乘车应当多留个心眼。上车时，最好先看看灭火器在哪里，再看看逃生通道和逃生锤的位置，并尽量不要往人多的地方挤。如果车厢内发现火情，要在第一时间准确找到起火处，用灭火器将其熄灭，若发现较晚火灾过大，则应尽快有序逃离现场并报警；如果火情不是发生在车厢内，而是在车头或车尾，则应视起火位置确定逃生通道，一般原则是老弱病残者先下车。若车头起火，司机应指引乘客从后门或者空调公交车后窗下车，进行分区域疏散，防止所有乘客都朝一个方向逃生而造成踩踏后果。如果情况紧急，车门打不开，最好的办法就是砸车窗玻璃，此时应取下公交车上的逃生锤，照着贴有"紧急时敲碎车窗玻璃"标志的位置猛打，几下就能将车玻璃打碎。

最后，让我们一起记住这四句话：发现火情莫惊慌，锤敲四角破车窗；老幼病残优先行，安全逃生牢记心。

司机安全行车宝典

夏季是一个容易引起困倦和疲劳的季节，特别是在高温天气下行车，司机因为疲劳，会出现判断能力下降、反应迟钝和操作失误增加等，严重时会失去对车辆的控制能力。

2013年7月24日中午12时许，浙江省温州市乐清柳市车站路，一辆红色轿车占道行驶，与对向车道的一辆中巴车发生碰撞。事故造成两车受损，轿车内一小孩和中巴车内一小孩受伤。据轿车驾驶员说，由于天热，昨晚没有睡好，他感到很困，车子开着开着，眼皮时不时打架，不知不觉中把车辆驶向了对向车道，从而酿成了这起车祸。

高温天气导致人的情绪中暑，也是引发车祸的一个重要原因。2013年7月17日上午10时，宁波鄞州市发生了一起车辆自损交通事故，一辆小型轿车撞上了路边的电线杆，整个车头面目全非。当交警赶到现场时，发现肇事车辆边上站着一对夫妻，此时两人还在相互埋怨。据了解，当时夫妻俩因一些琐事发生了争吵。开车的王女士心情很不好，在到达事故路段时，打方向盘的力气过大，加上注意力集中在吵架上，结果撞上了电线杆。

高温天气如何确保驾车安全呢？专家提醒广大驾驶员：一是出车前要确保充足睡眠。气温高时，人的体力消耗大，开车时往往犯困，因此要保持足够的睡眠时间以确保精力充沛。二是不要长时间驾车。行车中如感困倦，应及时停车休息或者下车活动一下身体，做做深呼吸，避免疲劳驾驶，一般每驾驶2小时要停车休息10至

15 分钟。三是行驶中不要长时间开空调，应隔一段时间开一会儿车窗，保持驾驶室空气流通。四是要控制车速，高速行驶易使驾驶人神经紧张，因此应尽量减少超车、紧急制动。五是开车不宜戴颜色太深的墨镜。在高温天气下，沥青路面被阳光曝晒后容易产生虚光，让人出现幻视，严重影响行车安全，因此驾驶员应戴浅色墨镜，以确保行车时有良好的视觉。

高温天气下，汽车长时间在高温的路面上行驶，会加速轮胎橡胶的老化，极易引发爆胎事故。发生爆胎时若车辆行驶速度过快，车辆会失控而导致发生侧翻、碰撞等事故，因此专家提醒：一要加强轮胎保养，经常检查胎压及轮胎花纹磨损程度，发现轮胎损伤要及时修补或更换；二是切勿超载、超速行驶；三是长时间在高温路面上行驶后，要停车休息，待轮胎温度降低后继续行驶；四是一旦发生爆胎，切勿紧急制动，应努力紧握方向盘，缓收油门，努力控制好方向，尽量将车停靠在安全地带，并开启危险报警闪光灯。

谨防惹火上身

每年盛夏都是火灾的高发期，在高温热浪的笼罩下，火神总会不请自来，给人类造成不可挽回的损失。

炎炎夏日，我们怎样才能不惹火上身呢？

用电安全最重要

2013年7月30日下午3时许，广西平乐县林业管理所二楼的一间办公室突然冒出浓烟，红红的火苗在浓烟中闪烁，看上去令人心惊。"着火了，赶快报警!"有人大声疾呼。接警后，消防人员迅速赶到现场，只见着火的地方浓烟滚滚，火势猛烈。消防官兵立刻展开救援，根据现场环境同时设置2个水枪进行扑救。经过约20分钟的努力，大火被完全扑灭。事后，消防官兵经过勘察，认为此次火灾是由于持续高温天气，室内空调、电脑等电器设备使用时间较长，电线承载负荷过大而引起的。

盛夏季节，各地因为用电量激增引发的火灾事故频频出现。2013年7月下旬，杭州主城区在一周之内发生火灾 224 起，7 月 27 日，杭州消防不得不发布了夏季的首个高温防火预警，提醒市民警惕身边的火灾隐患。

消防专家告诉我们，夏天气温越高，居民和单位用电量就会大大增加，由此引发的火灾也比较多，因此在夏季要增强安全防范意识，注意用电安全——

一是不要超负荷用电。多个大功率电器尽量不要同时使用，特别是在用电高峰时段。空调、烤箱等用电设备，应当使用专用线路。电线不能乱拉乱接，多台电器不能用同一个插座。开空调的同时应关好门窗，尽量减少不必要的能耗。

二是确保电器设备安全。任何情况下严禁使用铜、铁丝代替保险丝，保险丝的大小一定要与用电量匹配。电源插头、插座要安全可靠，已损坏的不能使用。家用电器与电源连接，必须采用可断开的开关或接头，禁止将导线直接插入插座孔。

三是不用湿手接触带电电器。夏天人体易出汗，手经常是湿的，不要用湿手触摸带电的家用电器，也不能用湿布擦拭使用中的家用电器。用手移动家电时，要切断电源，以免触电。

四是电器不要带病使用。发现家用电器损坏，应请经过培训的专业人员进行修理。家用电器烧焦、冒烟、着火，必须立即断开电源，切不可用水或泡沫灭火器灭火。对经常使用的家用电器，应保持其干燥和清洁，不要用汽油、酒精、肥皂水、去污粉等有腐蚀或导电的液体擦拭家用电器表面。

五是正确使用家电。家用淋浴器在洗澡时一定要先断开电源，并有可靠的防止突然带电的措施。使用电熨斗、电吹风等电器时，人不要离开。不要靠近或接触任何家用电器的带电部分，特别是电视机的高压输出部分，以免被电击伤。

远离危险区域

2007年6月2日中午12时，广州花都新华一家漂染厂的仓库内突然冒起黑烟。工人赶到仓库内查看，发现是存放的保险粉在燃烧。保险粉是一种比较温和的还原剂，用于纺织工业中的染色和漂白工作，遇水稀释后容易自燃，情况严重的甚至会引发爆炸。大家赶紧用水灭火，但火势非但没有得到控制，并且越来越猛烈。很短时间内，烟雾便弥漫了整个厂区，其中夹杂着一股难闻的化学气味，让人们感到胸闷、头晕，一时间无法正常工作。接到报警后，3辆消防车呼啸着赶到现场，开始用干粉灭火，火势逐渐得到控制。下午5时30分许，仓库内的大火得以扑灭。事后分析，大家认为这起火灾是高温天气导致仓库内化学品发生自燃引起的。

消防专家指出，物质自燃引发的火灾不可忽视。自燃物质除稻草、煤堆、棉垛外，还有油质纤维、废旧塑料、硝酸铵化肥、鱼粉、农产品等，此外，生石灰、无水氧化铝、过氧化碱、氯磺酸等忌水性物质，在遇到水或空气中的潮气后会释放出大量可燃气体，并与空气混合成爆炸性混合物。因此，在夏天应好好保管这些物质，警惕它们自燃引发火灾，一旦发现苗头要立即消灭，若不能控制火势时，要迅速报警。附近的住户和居民在火势失控的情况下，应迅速撤离到安全地区，以免危险品爆炸伤及自身。

专家还提醒：盛夏高温季节，使用液化石油气的单位和居民不要把气罐放在太阳下暴晒，应放置在阴凉干燥处保存使用。

防范森林大火

森林火灾是一种可怕的灾难，当大面积森林着火燃烧时，那种景象特别恐怖。盛夏的高温热浪，可以说是导致森林火灾的罪魁祸首。

2010 年 8 月，由于持续高温天气引发森林大火，席卷了俄罗斯的西部地区，很多泥炭和森林化为乌有。凶猛大火造成 400 多人葬身火海，2000 多人无家可归。大火产生的滚滚浓烟还蔓延到数千千米之外，严重影响了空气质量，整个莫斯科笼罩在浓烟之中，能见度一度下降到不足 20 米，人们出行或待在家中，都要佩戴上面具。

澳大利亚也是一个经常遭受森林火灾的国家。2009 年 1 月底至 2 月初，处于南半球的澳大利亚迎来盛夏，在持续的高温侵袭下，该国发生多起山林大火。2 月 7 日，澳大利亚维多利亚州的山林大火共造成 173 人死亡，2000 多幢房屋被烧毁，这一天被人们称为"黑色星期六"。

森林火灾如此可怕，我们该怎么防范呢？专家指出，首先，人人都要树立森林防火意识。无论是进入林区从事垦荒、采集、采矿等生产性活动，还是进入林区进行祭祀、旅游度假、狩猎野炊等生活性活动，都要时刻不忘森林防火。特别是在森林防火期内，在林区禁止野外用火；因特殊情况需要用火的，必须按照《森林防火条例》的有关规定，经过审批后方可进行。其次，要从自我做起，从小事做起，确保不因为自己的疏忽而引发森林火灾。如进入林区自觉向森林防火检查站交出随身携带的火种；自觉移风易俗，把上坟烧纸祭祖改为向先人敬献鲜花水果或种树，培养文明的风俗习惯等。第三，普通群众参加森林火灾扑救的，应该掌握基本的扑火技能和安全避火知识，一旦被林火围困或袭击，要果断决策，迅速选择突围和避火路线，采取正确的避火方法，避免发生伤亡事故。扑救森林火灾时特别要注意，不得动员残疾人员、孕妇、老人和儿童参加。

热浪灾难故事

欧洲热浪惨剧 ....

非洲高温热浪 ....

澳洲高温热浪 ....

俄罗斯高温热浪 ....

印度高温热浪 ....

英国高温热浪 ....

美国芝加哥高温热浪 ....

中国川渝高温热浪 ....

欧洲热浪惨剧

病人在呻吟、老人在叹息、游客在躲藏……2003 年夏天，欧洲遭受有史以来最猛烈的高温天气袭击，大约有 3.5 万人在热浪中丧生。

欧洲开启高温模式

对北半球的人们来说，2003 年是一个十分火热的年份，这年夏天，热浪席卷全球，而位于大西洋边缘的欧洲更是火热异常。

这一年，欧洲早早便开启了高温模式。进入 6 月后，南欧各国的气温纷纷上扬，一路飙升。到了盛夏 8 月，意大利气温比常年同期偏高 6—10℃，瑞士气温突破 200 年来最高，而热浪最严重的法国，高温也创下了 150 年来的极值。

高温热浪肆虐下的欧洲，一切都似乎被烤化了：铁轨因热膨胀变形，火车不得不减速慢行甚至停开；核电站因冷却用的河水或海水升温，导致不能正常发电；高温烤枯了大片大片的树林和草场，造成森林火灾频频发生……在城市和乡村，许多单位和家庭的电器因高温而功能紊乱，不能正常使用，就连巴黎著名的埃菲尔铁塔也没能幸免于难，在烈日的长期暴晒下，铁塔顶端的一个电器线圈有一天突然起火燃烧，冒出缕缕青烟，让各国游客为之震惊。

阿尔卑斯山脉是欧洲最高的山脉，它横贯法国、意大利、瑞士、德国、奥地利和斯洛文尼亚等 6 个国家。这座巍峨雄峻、风光旖旎的大山也未能抵抗住热浪的侵袭，在长达数月的烈日照射下，山顶上的积雪大量融化，露出了过去难得一见的峰巅。高温干旱还导致河流水位下降、航运受阻，使农作物大量减产，损失十分严重。

成千上万人热死

这场高温热浪带给欧洲的影响，不亚于一场战争：成千上万鲜活的生命被热魔吞噬，在高温热浪达到鼎盛的 8 月，仅仅两周之内，便有上万人被夺去生命——整个 2003 年夏季，欧洲各国约有 3.5 万人死于热浪袭击。

死亡人数最多的是法国。进入 8 月后，法国的气温一浪高过一浪，首都巴黎的气温更是达到了自 1873 年有记录以来的最高值。高温像一道无形的地狱之门，将人们牢牢困在其中，老年人成了热浪的首批受害者：持续多日的高温天气，使得心脑血管疾病患者难以忍受，出现了中暑、热中风等症状。很多老年人在家人外出度假时，选择独自一人留守家中，结果在热浪袭来时，他们在家中悲惨地死去，还有些老人虽然被抢救过来，但也死在了人满为患的医院和养老院里。8月29日，法国政府首次向外界公布，在当月前2周持续超过40℃的高温中，共有超过1.1万人死亡。由于死亡人数剧增，法国各地的太平间和墓地不堪重负，政府不得不启用超市的冷藏库暂存尸体。在巴黎南部的朗吉斯，一个占地4000平方米的冷藏库便被政府征用，改成了临时太平间。

持续不断的热死人事件，引起了法国公众的震惊和愤怒，因为在同样遭受酷暑的周边邻国，死亡者总数不过1000多人，而法国还自称拥有世界上最完备医疗设施和最好的医疗体系。在政府公布的报告中，专家们指出，热浪固然是上万人被杀的罪魁祸首，但在此期间，医生人手和医院床位不足也是造成众多老人死亡的原因之一。他们认为"众多的从业人员在同一时间启程去度假"对"紧急情况下的服务能力有严重影响"。另外，实行每周35小时工作制，尤其在传统的8月假期期间，很难保证医疗机构人手够用。

在巨大舆论压力之下，法国卫生总局局长阿本哈伊姆不得不引咎辞职。但他坚持声称，自己只是这场危机的替罪羊而已。

动物难逃厄运

无处不在的热浪，同样对动物们的生存是严峻的挑战。在8月的炎炎烈日下，欧洲各国动物园想尽一切办法，以帮助那些珍贵的动物度过酷暑。

北极熊长着一身厚厚的皮毛，本来就怕热的它们，在热浪中更是痛苦异常。为了给它们解暑，西班牙马德里的动物园饲养工作人员制造了大量的冰块，让它们整天待在冰水里，到了后来，工作人员给它们喂食时，甚至都要将食物裹在冰块中——并不是所有的动物都有这样的运气，由于炎热，法国伊尔－维兰省有2.5万家禽不幸倒毙；在布列塔尼地区，有数千只鸡被活活热死；在莱茵河流域，数万条鳗鱼窒息死亡，尸体飘满了河道……而一些动物为了活命，不得不自己想办法：布谷鸟等一些鸟儿提前迁徙，远走高飞；各种鱼类由于炎热，在水下潜得更深；初夏的干燥使植物大量枯萎，昆虫数量少了许多……这一年夏天，在热浪笼罩之下，欧洲大地白天也很难看到鸟儿飞翔的影子，而夜晚则很少听到

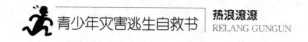

昆虫的吟唱。

圣诞树大批枯死

这一年夏天的高温热浪，给整个欧洲都留下了难以忘却的记忆，而对法国人来说，酷暑留下的不仅仅是酷热的印象，而且还影响到之后整整五年的圣诞节：持续的高温天气，使法国当年新植的 100 多万棵圣诞树枯死——这意味着，直到 2008 年的圣诞节，法国都将奇缺圣诞树。

罕见的高温热浪天气，还将法国凡尔赛宫一棵 321 岁高龄的古橡树被活活烤死。1682 年，法国国王路易十四搬到凡尔赛宫时，栽种下了这棵橡树，因为路易十四的皇后玛丽·安托瓦内特喜欢在这棵橡树下乘凉，所以它被命名为玛丽·安托瓦内特之橡树。321 年过去，这棵树虽然老得只剩下了几根树枝，但据凡尔赛宫中的园艺总管阿伦·巴拉顿介绍，如果不是热浪袭击，它仍可以再活三四十年！

高温热浪也使各国的农业遭受了重创，以葡萄种植闻名的法国，境内的葡萄严重减产，在一些地区，葡萄的收成甚至不到往年的 50％。而葡萄的歉收，又严重地影响到了法国的红酒产业，导致当年的红酒产量比往年减产了至少 30％。

非洲高温热浪

非洲的全称是阿非利加洲，它的意思是阳光灼热的地方。在灼热的阳光照射下，非洲大部分地区常年热浪滚滚，持续高温天气频频造成特大干旱。

2011 年夏季，有非洲之角之称的非洲东北部便遭遇了一场特大干旱，上千万人饱受干旱和饥饿的肆虐。

干旱的非洲之角

非洲之角包括吉布提、埃塞俄比亚、厄立特里亚和索马里等国家，总面积约 200 万平方千米，人口 9000 多万。按照其地理位置，非洲之角又被称为东北非洲，它实际上是东非的一个半岛，位于亚丁湾南岸，向东伸入阿拉伯海数百千米。

非洲之角到赤道和北回归线几乎是等距离的，也就是说，它与赤道的距离很近。我们都知道，地球上其他靠近赤道的地方都阳光炽烈、降雨充沛，但非洲之角尽管靠近赤道，但这里除了阳光炽烈之外，却没有充沛的降雨。老天似乎对这里特别苛刻，每年热带季风到达这里时，已经剩下不多的湿气，因此，非洲之角的大部分地区降雨稀少。

非洲之角还是全球少有的高温之地，埃塞俄比亚的达洛尔地热区是世界上平均气温最高的地方，这里平均气温高达34.4℃，目前全球还没有发现哪个地方的平均气温比这里高。此外，红海沿岸地区也是世界上温度最高的地区之一，其中7月气温达41℃，即使1月，气温也有32℃左右。

降雨稀少，气温偏高，导致这里的植物生长极其困难，而且时常发生可怕的旱灾。

非洲之角遭大旱

非洲大部分地区一般只有两个季节，即旱季和雨季。雨季到来时，老天降下甘霖，从而使旱季里饱受肆虐的生命焕发生机。但2011年雨季到来时，非洲之角却没有如期降下大雨。没有雨水滋润和降温，广袤的大地一片焦渴，那些在旱季中好不容易挺过来的生命，在高温的炙烤下很快枯萎了。

这场60年来最严重的干旱，使得非洲之角的索马里、肯尼亚、吉布提和埃塞俄比亚大部分地区受灾，

1200多万人遭受干渴和饥荒，其中受灾最严重的国家是肯尼亚。

让我们随着时间顺序，一起去看看热浪和干旱下触目惊心的镜头——

7月22日，在肯尼亚北部的伊西奥洛地区，炎炎烈日之下，一名桑布鲁名族妇女头顶水桶去取水。她家附近的水源已经完全干涸，为了取水，她每天必须走几千米的路。在取水的路上，和她一样头顶木桶的人们，最担心的一件事，就是在路上被晒晕或体力不支倒地。

8月5日，在肯尼亚北部的卡丽莎地区，牧民们将牛群赶到荒漠地区放牧。这些荒漠地区极度缺水，放眼望去，地上黄尘滚滚，几乎看不到一点绿色。由于较长时间没有吃到鲜嫩的青草，这些牛极度瘦弱，它们在烈日下喘着粗气，有的老牛走着走着，栽倒在地便再也爬不起来了。家畜大量热死、渴死的同时，斑马、牛羚、大象等野生动物更是频频死亡，大草原上，随处可见森森白骨，景象令人心惊。

8月13日，在索马里首都摩加迪沙的一处鱼市附近，两个孩子坐在荫凉处，无精打采地玩着龟壳。这些龟壳是他们从一个干涸的池塘里捡到的。由于天干无雨，在烈日暴晒之下，许多河流和池塘干涸，露出了干裂的底部，无处可逃的水生动物们被全部活活干死，很快便只剩下一堆堆白骨。

8月17日，在肯尼亚北部姆温吉地区的蒂亚村，村民们将干涸的河床挖开，希望能找到水。河床被挖了很深，水依然不见踪影，好不容易有一个深坑浸出了一丁点浑浊的水，马上有干渴的村民将水舀出来，直接倒进了嘴里……

饥饿的非洲之角

高温干旱不但烤干了大地上的水，还使得广袤的地区充满了饥饿，尤其是饱受战乱之苦的索马里，更是陷入了"非洲有史以来最严重的粮食危机"。8月15日，非洲联盟将这一天定为索马里日，以提醒国际社会关注索马里状况和非洲之角的饥荒。

干旱和食品短缺迫使难民们不得不远走他乡。这年8月，一位叫法图玛的女人带着4个孩子，花了一个半月从索马里走到达达布。当他们到达达达布时，孩子们的脚上沾着沙子，皮肤皲裂，渗出鲜血。法图玛说："天气酷热，没有避难地。我离开在索马里的丈夫，不知道还能不能见到他。"据这名母亲介绍，她所在的村庄和邻村的水井都干涸了，她喂养的15只山羊一只接一只地渴死、饿死。没有吃的，她只得带着孩子们出门讨要食物，但无论走到哪里，周遭都是和自己境况相似的村民。

法图玛和她的孩子们还算是幸运的，在这一年，索马里大约有六分之一的儿童没有过上 5 岁生日，因为这些营养不良的儿童在烈日下长途跋涉寻找食物时，有的筋疲力尽而死，有的中暑或被渴死。而在肯尼亚，也有超过 6 万名儿童夭折，他们大多死在逃难的路上。

随着非洲之角地区干旱的加重，更多的索马里人逃难至首都寻求救济，使得摩加迪沙的饥荒状况进一步加剧。还有一些移民逃往邻近的埃塞俄比亚，使当地情况愈加混乱。联合国秘书长潘基文发出呼吁，要求国际社会尽一切努力，防止危机进一步恶化。在联合国的援助下，靠近索马里的肯尼亚达达布建立了难民营。很快，那里便成了世界上最大的难民营，每周都有成千上万的索马里人逃到那里，本来难民营设计容量为 9 万人，但难民人数暴增到将近 40 万。而难民营的儿童"筋疲力尽、营养不良、严重脱水"，为了救助这些孩子，不少国家派出医疗队赶赴当地。

澳洲高温热浪

澳洲即澳大利亚，这个总面积达 768.2 万平方千米的国家，是全球面积第六大国，也是全球最干燥的大陆，这里降雨稀少，高温热浪时常光顾。

2009 年初，澳大利亚东南部遭受了 150 年来最炎热的热浪袭击。高温热浪不但给各行各业造成巨大影响，而且热浪助发山火，酿成了一场 200 多人死亡的"黑色星期六"惨剧。

高温炙烤新年

位于南半球的澳大利亚，与北半球的季节刚好相反：当北半球处于盛夏季节时，澳大利亚正好是隆冬，而当北半球雪花飘舞、寒气袭人时，澳大利亚却正是烈日高照、酷暑逼人的盛夏。

高温热浪从 2008 年底便开始初露端倪。2009 年 1 月 1 日，澳大利亚东南部地区迎来了新的一年，然而，在新年的钟声中，当地居民企盼已久的清凉并没有到来。这一天，西澳大利亚州首府珀斯的气温突破了 35℃，而维多利亚州首府墨尔本的气温也不逊色。在火热氛围中，人们勉强过了一个新年。元旦之后，热浪变本加厉，气温在烈日的照射下步步攀升。1 月上旬，澳大利亚南部一些地区气温便突破了 40℃。1 月 28 日开始，高温热浪进一步加剧，到 2 月 3 日为止，墨尔本市的气温一直保持在 40℃ 以上，而维多利亚州部分地区更是观测到了 48℃ 的高温。据气象数据统计，这种高温热浪现象，是自 1855 年有相关记录以来的第一次。

热浪的严重影响

生活在滚滚热浪之中的人们苦不堪言，截止到 2 月 4 日，当地便有近 30 人被高温夺去了生命，这些不幸遇难者大部分是老年人，过度的炎热，导致他们产生心脏病等并发症而死亡。在死亡名单中，也有一位年仅 24 岁的小伙子。1 月 28 日这天，他在有轨电车车站等车时，突然休克一头栽倒在地，路人赶紧将他送到医院，然而他再也没能醒来。1 月 30 日，是南澳大利亚州居民的噩梦日：这一天，该州热晕被送到医院的患者络绎不绝，医护人员忙得不可开交，床位也一度紧张。尽管医院全力抢救，但仍有一些患者被死神夺走生命，仅阿德莱德就

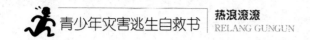

有 19 人死亡，其中 14 人是老年人。

在持续多日的热浪袭击下，一些铁轨因热变形，东南部地区交通系统几近瘫痪，维多利亚州仅 1 月 29 日便取消数百次列车；墨尔本和阿德莱德等大城市的多处建筑工地被迫停工，工期延长，令多个建筑公司蒙受损失；热浪对电力行业也造成巨大影响，1 月 30 日墨尔本市北部部分地区大停电，导致超过 50 万居民以及商户无电可用，导致严重损失……高温热浪袭击维多利亚州时，正值澳大利亚网球公开赛在墨尔本如火如荼进行，步步紧逼的热浪，迫使这项著名的体育赛事被迫调整时间，这使得世界各地的电视转播机构不得不临时调整转播时间，对此，包括费达拿在内的多位著名运动员提出了不满。而在调整日期后的比赛中，由于天气太热，球员在炎炎烈日下汗如雨下、直喘粗气，观众们则干脆逃离了看台，全都躲到遮阳处观看比赛，使偌大的体育场内显得空空荡荡。下午，在猛烈的热浪进攻下，澳网主赛场罗德·拉沃竞技场不得不在部分比赛中关闭顶棚，全场被迫开启空调。

此次高温热浪，可以说是澳大利亚经济遭受全球金融海啸后的又一次重大打击。

悲惨的黑色星期六

在连续的高温天气影响下，各地的森林、草场等极易燃烧，处于一触即发状态。2月7日，一场大型山火降临维多利亚州，大面积的农田和森林被摧毁，200多人死于火灾，1万多人无家可归。

这是澳大利亚历史上最惨重的一次森林大火，因为该场大火发生在星期六，因此被称作"黑色星期六"大火。

据一名叫休斯的幸存者讲述，这场大火火势之猛烈、蔓延速度之快完全超出了大家的想象。2月7日下午，他在位于墨尔本东北圣安德鲁斯山上的住所观察远处火势。当时，他确信看到的浓烟离自己很远。但就在突然之间，西北方面1000米远的地方出现火苗和浓烟，火势借助风势向他袭来。"火向这边来了，赶紧转移!"休斯只用了几秒钟时间向邻居报告火情，转眼之间，大火已经烧到距离他家房屋只有50米的地方，那里，几棵小树被大火卷入其中，开始猛烈燃烧起来。热浪和灰烬吹过来，像一座敞开着的鼓风炉；呼啸的火苗，像一列奔驰的列车。休斯和邻居们赶紧逃离家园。

对一些幸存者来说，生死或许就在一念之间。2月8

日凌晨，当地居民索尼娅一家接到朋友电话，警告火势可能蔓延到她家住所附近。她和家人迅速把少量东西带上轿车准备出发，大火不经意间已经迅速逼近，发出像飞机引擎一样的轰鸣声。撤离途中，他们发现前行道路已经被火焰封死，只能返回到一处老旧的砖瓦房躲避。不料，猛烈的火势迫使他们再次逃离。当时，屋子的两扇大门都着火了，他们看不清任何东西，离开屋子时，索尼娅以为自己死定了，所幸的是，她和家人发现了一处小溪，他们随即蹲坐其中，同时将一条浸湿的毯子盖在头顶。"这是条浅的小溪，但有足够的水和空间。当火焰袭来时，我们头盖毯子坐在泥浆中。"索尼娅说。当火势渐渐消停，他们走出小溪时，眼前大约 20 座房屋只有 3 到 4 座没有倒下。

肆虐的大火最终造成了惨重灾难，火灾过后的恐怖情景犹如遭受了原子弹袭击。据当地警方分析，这场大火虽然是人为纵火，但长期的高温和干旱使得森林大火更易扩散，而时速高达 115 千米的风速也加速了火势的蔓延，致使许多人来不及逃离住所便被烈焰吞没。

俄罗斯高温热浪

我们都知道，俄罗斯的地理纬度较高，国土大部分靠北，正常情况下，这个国家的夏季不会太热。不过，2010 年夏天，高温热浪却长时间笼罩着这个国家，导致民众惊慌失措，森林火灾大面积暴发，上百人在热浪中丧生。

罕见高温袭击

对许多俄罗斯人来说，酷暑是一个很不熟悉也很不习惯的天气现象，许多人从小就习惯了凉爽的夏日。如首都莫斯科夏季的日平均气温只有 23℃，在其他地区热得流汗的时候，这里却鲜花盛开，气候宜人，因此，包括莫斯科在内的俄罗斯广大地区，是许多酷热国家人们避暑的首选之地，每年盛夏季节，都有大批的老外来到俄罗斯避暑。而俄罗斯人如果想晒日光浴或感受酷暑，就只能利用暑假专门去南方。

不过，2010 年夏天，俄罗斯人不用走出家门，也体验到了什么叫酷暑难耐。从 6 月底开始，俄罗斯大部分地区便很少下雨，在强烈的太阳照射下，气温一路攀升，特别是莫斯科自 6 月底之后，白天气温便连续超过 30℃，日最高气温一路攀升，20 多次打破了该市气温的历史纪录，38℃左右的高温竟持续了一个多月。俄罗斯水文气象中心主任罗曼·维利凡德指出，38℃的气温一般只在撒哈拉沙漠和中亚地区出现，他告诉记者："俄罗斯今年夏季的天气，不仅仅是有气象观测记录以来最奇特的，也是近 5000 年来都从未有过的。"据维利凡德分析，俄罗斯夏季高温的原因，是因为一个强大的暖气团在作怪，这个气团是一个反气旋，它从 6 月 21 日起便笼罩在俄罗斯上空，并且一直持续了近 50 天，正是它阻止了来自北方和西方的冷空气，使得俄罗斯大部分地区高温少雨。

莫斯科乱了套

5000 年一遇的酷暑，给俄罗斯的政治经济生态和自然生态都带来了或大或小的微妙影响，也影响着普通百姓的日常生活。

在首都莫斯科，酷热难耐之下，除了用水用电量激增外，平常难得使用的空调空前热卖，价格翻了好几倍，更大的问题在于，买空调易，装空调难：安装空调的时间表已排到了 3 个月以后! 高温之中, 更离奇的是空调失窃案明显上升。有一天, 一位青年准备回家检查一下新买空调的安装情况。到家一看, 空调和安装工人一起消失了! 他立即打电话报警。警方很快抓到了 3 名安装工和他们顺手牵羊带走的新空调。他们向警方承认: 因为觉得主人出的空调安装费太少, 于是决定把新空调机直接拿去倒卖, 再把赃款分掉。

买不到、装不上空调的人们, 有的干脆全家人跑到市内的宾馆、酒店开房, 享受那里的空调。家里经济不宽裕的市民, 则选择晚上睡在有空调的汽车里, 或直接睡在户外草地上。

上班族们蹭空调的现象也很普遍。出现高温天气后, 莫斯科许多单位出于人道主义考虑, 专门为员工在办公室安装了空调并配了冷水机, 员工们上班的积极性大大提高, 在公司的工作时间明显延长, 然而调查却显示, 84% 的莫斯科人承认, 酷暑中的工作效率很糟糕。

为了逃避酷热, 不少家庭在假期或周末, 全家人一起到河边或水库库区避暑。凉爽的河水使酷热减轻了不少, 然而一些人也为鲁莽行为付出了代价, 在水库、河流中游泳时, 不少人送了命, 据统计, 7 月初开始, 短短一个月不到, 就有 70 人在游泳时溺水身亡。

　　而在莫斯科之外的地区，其他俄罗斯人也同样饱受高温热浪的煎熬。8 月 12 日，全俄社会舆论研究中心公布的最新民调结果显示，75％的俄罗斯人认为"由于今年夏天遭遇异常高温，自己的健康状况感觉下降"，并且有 47％的人担心"高温会导致生态灾难"。

林火烟雾令人窒息

　　持续的高温热浪天气，还引发了一个令人谈虎色变的灾害——森林火灾。

　　俄罗斯是世界上森林面积最大的国家，广袤的森林护卫着城镇和乡村，使得这个国家格外美丽。然而，在高温热浪肆虐下，2010 年夏天俄罗斯全国共发生了 2.5 万多起自然火灾。熊熊大火令人恐惧，而遮天蔽日的烟雾更是令人窒息。截止到 8 月 7 日，俄罗斯的火灾面积超过了 19 万公顷，死亡人数超过 50 人。特别是首都莫斯科周边的森林火灾，给人们身心健康造成了严重影响。

　　从 8 月 5 日傍晚开始，周边持续森林大火产生的烟雾便将莫斯科完全笼罩。市区上空被厚重的烟雾遮蔽起来，地面能见度仅数十米。中午时分，天色也如同黄昏一般，大街上行人稀少，车辆只能缓缓前进；空气中，弥漫着一股刺鼻的焦煳味，人们感到呼吸困难，胸闷咳嗽，眼睛刺痛，不少人更是眼泪长淌；医院里，挤满了被烟雾呛出毛病的人。医学专家称，莫斯科空气中悬浊颗粒含量已超标 2 倍，而一氧化碳的浓度更是超出允许范围近 3 倍。为了防止呼吸道受损，人们掀起了抢购棉纱口罩与防毒面罩风潮，各药店排满了长队，出现了一罩难求的现象。

由于烟雾持续弥漫，在莫斯科工作的部分外国人也待不下去了：德国驻俄大使馆和驻莫斯科领事部暂停工作，奥地利、波兰和加拿大驻俄使馆的部分外交官及其家属紧急撤离，美国、法国和保加利亚赶紧发出通知，提醒本国公民谨慎前往俄罗斯宣布进入火灾紧急状态的地区……

这场高温热浪还给俄罗斯农业带来重大影响。俄东部和中央区东南部有 9500 多万公顷农作物枯死而颗粒无收，其中旱灾严重的伏尔加河沿岸地区和俄欧洲东南部地区，逾四成春播农作物枯死，七成以上油菜子和大豆颗粒无收，俄农业大省奔萨州也有四分之一的农作物旱死，28 万多公顷土地绝收。

印度高温热浪

位于南亚的印度，是仅次于中国的世界第二人口大国。由于特殊的地理位置，印度时常遭到高温热浪袭击，几乎每年都有几百上千人热死。

1998 年，印度便因高温热浪导致 1000 多人遇难。

一个热浪频袭的国家

让咱们先来分析一下印度的气候特征。印度全境炎热，是典型的季风气候国家，一年分为 3 季：6 月至 10 月为雨季，11 月至次年 2 月为凉季（或称干季），3 月至 5 月为热季。从 3 月开始，随着太阳角度的逐渐升高和日照时间的延长，当地的气温逐渐升高。这时候，只有偶尔的一些雷阵雨能使大地退烧。到了 5 月，当地进入热季的鼎盛时期，内陆地区的气温常常会蹿到 40℃以上。按照正常情况，5 月下旬季风就会挟带大量雨水如期而至，不过，季风有时并不那么听话，一旦它失约，印度就会继续受高气压控制。这时，天空往往连续多日无雨，再加上从西北沙漠地区吹来的干热风，在印度中南部内陆地区就会形成 50℃左右的高温，这就是所谓的热浪。据专家介绍，热浪在印度几乎是年年有，只是范围大小不等、持续时间长短不同而已。

热浪是印度的主要灾害性天气之一。据专家分析，印度之所以频频遭到高温热浪袭击，地理方面的特殊性也是一个原因。印度的整个国土，看起来像一个倒置的三角形，而且北高南低。它的南面一直延伸到浩渺的印度洋边上，这里地理纬度较低，太阳照射时间长，地面吸收的热量多，而它的北面有世界上最高大的山体——喜马拉雅山，巍峨高耸的山脉挡住了北方冷空气南下，使得南面的高温有恃无恐，因而极易形成热浪。

高温热浪来了

1998 年 5 月初开始，印度便被高温天气笼罩了起来，40℃以上的高温频频出现。到了 5 月中旬后，高温天气进一步加剧，印度南部和北部部分地区都出现了持续高温，最高气温平均在 43.5—47℃，个别地区的最高气温甚至接近 50℃。

没有到过印度的人，可能无法体会在这种高温下的感受。印度的热有一个显著的特点，那就是早晚的温差小：上午 7 点出门，气温便在 37℃ 左右，在大街上走不到 300 米，浑身便大汗淋漓，衣衫早已湿透。据在印度工作过的中国专家介绍，在 40 多℃ 的高温下行走，阳光照在身上，让人真的有一种骄阳似火的感觉，不到一分钟时间，就会感到全身火辣，裸露的肌肤更是被灼得生疼。有人形容：在这种高温天气里，连蚊子和苍蝇都会被晒死而绝迹。

在高温的统治下，印度整个社会活动的节奏都放慢了，机关单位下午都不上班，有些商店也不开门，各种活动和交往都停止了，一般人家白天不做饭，很多人躲在家中或荫凉处……在许多地方，城市仿佛失去了生机：街道上车辆稀少，行人十分罕见，只剩下一条条吞吐着热量的白晃晃马路。

上千人被夺去生命

随着高温天气持续，滚滚热浪在城市和乡村开始肆虐。

在城市，热浪伤害的对象大多是农民工。与许多发展中国家一样，印度也有大批的农民涌入城市打工，他们没有能力在城里买房，也没有多余钱租房，于是便自己动手，在城郊修建了一个个简易的棚子当居所。这些用木板、铁皮、塑料布搭的棚子，既不防雨，又不能抗高温，加之缺少水电供应，农民工们连电扇都不能用，大家热得无处躲藏，很多人因此中暑。几乎每天都有悲剧发生：有人在家里吃饭，吃着吃着，一头栽在地下，便永远没能爬起来；有人上午出门干活，走出家门后，便永远没能回来；一些跟着父母住在棚子里的孩子，偷着下河游泳，结果有的孩子被河水冲走，有的溺死，成了热浪天气的牺牲品……

此外，那些在街头摆摊的小贩，以及流浪汉也屡屡被热浪击倒，他们一旦中暑倒下，等待他们的大多都是死亡。三轮车、卡车司机也大多中暑。5月下旬的一天，一名年轻人开着一辆货车到城里送货，到城里把货卸下后，他便感到浑身不适，就在他准备返回时，晕倒在方向盘上，货车失控冲向一个水果摊，酿成了一起惨烈车祸。

在乡村，热浪也到处肆虐。由于高温天气持续时间长，加上1997年雨季雨量不足，导致许多小河、水库、池塘干涸，人、畜饮水十分困难。为了找水，村民们往往要跑到几千米以外，许多年老体弱者无法承受，一些人在找水的路上便倒下了。

这股热浪持续时间之长，面积之广，死亡人数之多，为 50 年来所罕见。根据官方公布的数字，截止到 1998 年 6 月 2 日，全印度共有 1045 人在热浪中丧生。到热浪结束时，死亡人数增加到 1359 人。

在人类遭罪的同时，动物们也没有逃脱厄运。印度是野生动物的天堂，但这一年的高温热浪使天堂变成了地狱。在一些野生动物保护区，烈日烤干了水源，导致动物们无水可饮，一些大象被活活渴死，而一些大象则因为喝了被污染的水源，导致肠道感染而死亡。孔雀也在这个季节被折磨得不轻，它们漂亮的羽毛此时成了沉重的负担，由于散热不畅，一些孔雀被活活热死。

唯一活得比较滋润的动物是猴子，由于当地人对它们十分迁就，机灵的猴子在缺水时，就会跑到附近的村庄去找水喝。在一些神庙里，还有专为猴群准备的水池，不过，随着水池中的水逐渐干涸，不同的猴群为了争夺水源，也时常发生大规模战争，它们在打斗中发出的惨烈叫声，在炎炎烈日下传出很远很远。

英国高温热浪

近年来，随着全球气候变暖，高温热浪、暴雨、台风等极端天气呈加剧趋势，特别是高温热浪几乎年年不请自到。2013 年夏季，一场高温天气便降临欧洲最大的岛国——大不列颠及北爱尔兰联合王国（即英国）。

热浪裹挟之下，这个经济、科学和文化高度发展的国家也一度面临严峻形势，成千上万人的生活受到严重影响，近 800 人被活活热死。

凉爽之国遭遇热浪

英国的国土面积全部位于大西洋的岛屿上，这里属温带海洋性气候。在盛行西风的吹拂和海洋的影响下，英国的气候温和而湿润，一年四季寒暑变化不大，因此被人誉为凉爽之国。这里最高气温通常不超过 32℃，最低气温不低于零下 10℃，在最低温的隆冬 1 月，这里的平均气温也有 4—7℃，而盛夏 7 月的平均气温只有 13—17℃。除了气温冷暖适宜，英国的降水量也很充沛，这里年平均降水量约有 1000 毫米，非常适合植物生长，因此，不管城市还是乡村，放眼望去总是绿色葱茏，景色宜人。

通常情况下，英国的夏天都较为清凉，最高气温即使达到 30℃也不会持续太久，然而 2013 年夏天，这种清凉的感觉对英国人来说便成了一种奢望。这年进入 7 月后，天上的云便若有若无，毒辣的太阳几乎天天悬在空中，将大地烤得尘土飞扬；空气像被发酵或加热过似的，让人喘不过气；气温节节攀高，白天气温动辄超过 30℃大关，7 月 17 日，气象部门更在伦敦西南部观测到了 32.2℃的最高气温，创下了该国全年最高气温纪录。

除了气温偏高，这年夏天英国的降水量也极不正常。据气象部门统计，7 月过去了大半，而英格兰和威尔士地区的平均降水量只有 4.9 毫米，仅为该地区往年 7 月全月平均降水量的 15%。没有雨水降温，热浪越发猖獗。这一波高温热浪一直持续到 8 月，对当地人来说，这无疑是一个可怕而又真实的梦境。

火热悲剧层出不穷

在高温天气刚降临的那段时间，不少英国人还挺高兴的。因为过去夏天英国的天气虽然很凉爽，但天空时常阴阴沉沉，云雾较多，晴好的日子总是屈指可数，现在天天都是大太阳，这让喜欢晒日光浴的人们乐不可支：过去为了晒太阳，要跑到地中海或非洲等地去，现在足不出户就能享受到日光浴，真是太幸福了！于是，那段时间去英国旅游的人总能看到这样的情景：不管是在海边还是公园，一群一群的人光溜溜地躺在那里，把自己晒得汗流浃背，皮肤变得像酱牛肉一般深色。

不过，在这些晒日光浴的人之中，有不少人被强烈的阳光灼伤了皮肤，在痛痒难耐之下，他们不得不到医院里就医。还有人被太阳晒晕而酿成了悲剧，在达姆勒郡康赛特地区，一名 21 岁的青年在房顶上晒日光浴时，不幸滚下来当场身亡。医生分析认为，这名青年可能是在屋顶晒太阳时，被高温晒晕而滚下房顶的。

随着高温天气加剧，各地的火热悲剧越演越烈：一名叫格雷厄姆·贝内特的英国皇家邮递员在送信过程中，因为气温太高突然中暑，倒地后不治身亡，死时年仅 29 岁；在一次出警中，两只警犬因为被独留在户外的警车上而死亡；在炽热的阳光诱使下，人们成群结队拥到河边游泳，结果在数天内便有 10 多人溺亡；在牛津郡的一个划船比赛中，数十名观众在高温下呐喊助威，但很快便有人因天热而晕倒，不得不被紧急送到医院；因为天热，园林工人在修剪草坪时穿着拖鞋，结果一些人不慎被剪掉了脚趾……高温热浪还导致火灾频频发生，仅在伦敦，7 月便平均每天发生 21 次草地着火事件，其中在克里登附近的一次火灾，使一块面积大约 4 块足球场之大的草坪几乎被烧毁。

高温热浪天气使一切都乱了套，很多人出现呼吸困难、胸痛、失去知觉，甚至晕倒的症状，仅在 7 月的高温天气中，便有 760 人因为热浪而死亡。而医院也成了最忙的地方，随着英国气象局将伦敦和东南部的热浪警告由第 2 级提升至第 3 级，所有医院都进入了戒备状态，病人家属被要求缩短探访时间，以防太多人挤在病房中，而医院员工也加紧监视病房，确保温度适中。

闷罐车热煞人

高温极端天气，对人们出行造成了极大影响，特别是那些不得不冒着高温到单位去的上班族。由于英国一年四季气候温和，因此很多公交车和地铁都没有安装冷气。猝然而至的高温热浪天气，使公交车和地铁成了名副其实的闷罐车。7 月 17 日，白天气温达到 32℃ 时，地铁内的温度更是高达 36℃，不少乘客因闷热而晕倒。

英国是工业革命的发起地，也是火车的发源地，其首都伦敦的铁路交通十分发达，因此有铁路故乡之美称。持续的高温热浪，将火车铁轨也烤变形，使得伦敦重要铁路中转站滑铁卢站的 4 个月台必须关闭，上千名乘客的出行受到了影响。

与公交车和地铁一样，英国许多办公室、超市都没有冷气，人们冒着高温酷暑在火热的办公室里上班，与在闷罐车里一样难受，一些人因此中暑晕倒。因为担心高温可能造成员工发生意外或死亡，英国国会议员发出建议：气温达到 30℃时应放高温假。而工会也发出通知，呼吁雇主让员工不用打领带和穿西装，可以换上 T 恤、短裤上班——汹涌的热浪，让素有绅士风度的英国人彻底放下了面子，他们不得不打着赤膊坐在办公室里处理工作。

美国芝加哥高温热浪

美国也是一个常遭高温热浪肆虐的国家。1995 年夏天，一场可怕的高温天气袭击该国第三大城市芝加哥，短短一周之内，热浪便夺走了 600 多条性命。

这场高温热浪灾难，被认为是美国历史上该地区恶劣的自然灾害之一。

高温袭击芝加哥

咱们先来了解一下芝加哥这个城市。芝加哥位于美国中西部，东临密歇根湖，是美国最重要的铁路、航空枢纽，同时也是美国最为重要的金融、文化、制造业、期货和商品交易中心之一。这个诱人的大都会，被誉为全球十大最富裕城市之一，富裕指数仅次于东京、纽约、洛杉矶，排名世界第四。美国著名作家诺曼·梅勒曾写道："芝加哥是一座伟大的城市，它也许是美国硕果仅存的伟大城市。"

不过，这座伟大的城市在 1995 年的夏天中，迎来了最为悲催的一周。芝加哥的气候一年四季分明，一年中最热的 7 月，平均最高气温为 29℃，之所以气温不算太高，是因为芝加哥夏季雨水很多，时不时地下雷阵雨，总能将高温浇灭在萌芽状态。但是，1995 年的 7 月中旬，当地几乎滴雨未下，高温持续不断，最终酿成了一场灾祸。

7 月 11 日，芝加哥的最高温度升至 32℃，之后气温一路飙升：12 日达到 37℃，13 日突破了 41℃，创下了历史新高。13 日之后气温稍有回落，但仍维持在较高的位置上：14 日最高气温 39℃，15 日 37℃，16 日和 17 日最高气温也超过 30℃。

持续不断的高温形成热浪，在芝加哥这座世界大都市疯狂肆虐。

600 多人被热死

7 月 13 日这天，当气温飙升至摄氏 41℃时，整座城市仿佛被放进了蒸笼中，热浪裹挟着空气中的污染颗粒，让人透不过气来。老人和孩子在热浪中痛苦地煎熬，不断有人热晕被紧急送往医院救治。这一天的高温虽然夺走了 4 条生命，但并没有引起太多的重视，市长理查德·戴利在新闻里说："这时候最需要的是冷静。我们慢

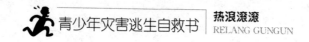
慢来。"

但第二天，温度并没有降下来。市政府不得不开放了更多的纳凉中心，接纳需要乘凉的人，尤其是老人。全城用电负荷大增，不少公司因为没有应急发电机，不得不控制空调的使用。酷热难耐的人们跑上街头，打开消火栓取水降温，结果导致水压急剧下降，23 个纳凉中心因此关闭。一批又一批的人被热晕，昏倒在街头，随后被紧急送到医院。各医院急诊室人满为患，不断有人死去。从 14 日夜晚开始，冷藏卡车在全市大街小巷忙进忙出，将尸体送走。接下来的 7 月 15、16 日两天是周末，热浪更是露出了狰狞的獠牙。救护车四处出动抢运患者，在一些医院门口，一辆接一辆的救护车排成长队，等着将患者抬下来救治。由于患者太多，大部分医院不再收容患者……死亡人数很快超过了 400 人，但政府仍没有把热浪当灾难对待，也没有宣布进入紧急状态。市长戴利再一次上电视，号召市民多和家人、邻居互动，同时关心老人——这些话没有起到多少安抚人心的作用，人们反而认为，市长是在为反应迟缓推卸责任。

到了 17 日，又有 100 多人死亡。短短一周时间，芝加哥共有 600 多人被热死。到那年夏天结束时，全市热死人数达到了 739 人。

穷人成受害者

在这次可怕的高温热浪中，穷人成了灾难的最大受害者。

在芝加哥这座繁华的大都市里，黑人与拉美裔聚居的南区被旅行指南标注为"危险地带"，大批穷人便居住在这里，一些人甚至无家可归。当热浪袭来时，他们没有足够的钱降温防暑，只得用身体与高温天气抗衡。"热得无处遁形。你可以看见蒸腾的热气降落在混凝土地面上。"当年一个居住在南区的黑人居民厄内斯特这样描述。

1995 年夏天，49 岁的厄内斯特独自居住在芝加哥南区一栋公寓里，家中房屋简陋、窄小，而且没有安装空调。当气温蹿升到 37℃便不肯下来后，厄内斯特感到呼吸急促，浑身不适，为了降温，他头上裹着湿毛巾，不停地摇扇、喝水，每隔一会儿就往身上浇水，但依然感到闷热无比。"我当时身体健康，但感觉非常不舒服，也有点害怕。你知道吗？如果突发心脏病或晕厥过去，没人会发现。"时隔多年后，他回忆起当时的情景，仍然感到后怕。

热浪中的遇难者大部分是穷人，而在贫困群体中，白人的死亡率反而比黑人更高，拉美裔的最低。专家后来分析，这是因为黑人和拉美裔习惯聚居，社区关系更加紧密，大家在困难中互相帮助，在一定程度上避免了更多不幸的发生。而白人则不同，白人老人们大多居住得很分散，而且随着城市诚信的缺失，人们不再信任和熟悉自己的邻居，因而在热浪来临时，一些老人在家里中暑却没人施救，甚至有的在家中去世也没人发现，所以在热浪中遇难的人，有较大一部分是独居老人。

这次热浪灾难震惊了美国，不少专家开始对如何防御热浪进行探讨和研究。而芝加哥市政府也痛定思痛，很快制定并推出了一套热灾防御系统——《极端天气应对计划》。4年后，这一防御系统派上了用场：1999年7月22日，根据气象部门预报，市政府启动了该计划，全市公共卫生部门立即进入紧急状态：数百个纳凉中心，包括学校及所有市政建筑全部开启空调，免费向公众开放；提供免费班车接送居民；医院增加急诊床位……在全社会的共同努力下，1999年因热灾相关的死亡人数仅有110人，《极端天气应对计划》大大减少了热灾带来的人员伤亡！

中国川渝高温热浪

2006年夏天，热浪像挥之不去的可怕噩梦，一直笼罩着中国西南部的四川盆地，持续数月之久的高温天气，最终酿成了一场百年不遇的特大干旱。

天府之国的干渴

四川盆地是中国的四大盆地之一，总面积约26万多平方千米。打开中国地图，你会看到四川盆地像一颗淡蓝色的明珠，它镶嵌在巫山和横断山脉之间，长江、嘉陵江、岷江等几十条大大小小的河流穿行而过，仿佛是盆地生命的脉络。

四川盆地聚居了四川和重庆的绝大部分人口，这里土地肥沃，物产丰饶，被称为天府之国。因为常年多云雾、少日照，古人曾以"蜀犬吠日"来形容这里阴云连绵的天气。然而，2006年夏天，在持续的高温热浪天气笼罩下，天府之国变得焦渴异常。

从这一年入夏开始，重庆、四川便持续高温少雨，干旱在这一带地区肆意蔓延。两省（市）夏季的平均降水量仅为 345.9 毫米，是有气象记录以来的历史同期最小值。同时，重庆、四川盛夏（7—8 月）的平均气温却创下同期之最，其中，重庆綦江县的最高气温高达 44.5℃，为重庆有气象记录以来的最高气温。特大高温干旱造成重庆、四川两地因旱出现饮水困难 1887 万人，农作物受旱面积 320 多万公顷，仅农业一项便造成直接经济损失 150 亿元人民币。

热浪下的人们

　　烈日高悬，酷热无比。在四川、重庆的广大地区，人们经受着前所未有的热浪考验。

　　8 月中旬的一天，一位姓董的重庆市民开车出去办事。这一天，重庆主城区的气温高达 43℃。因为天气太热，他将车上的空调开得很足。车在高速路上开了一会儿后，他觉得口渴，于是伸手拿过车前的一瓶矿泉水，刚只喝了一口，他便"呸"的一声全吐了出来——瓶子里的水被阳光烤得像烧开了一般，烫得嘴唇生疼。他又将矿泉水边的一包巧克力威化饼干拿来一看，发现饼干上的巧克力全都化成了水。车到达目的地后，他走出汽车，热气立马将他裹住。他很快感到头发昏，脚底烫得生疼……

　　类似的场景在重庆和四川屡屡上演，不管白天还是晚上，人们都无法逃避高温热浪的包围——

　　一位吉林某大学毕业的小伙子，这年 7 月在成都找到了一份工作。然而，自从他到成都的第一天起，便没有睡过一个好觉。由于经济拮据，他租的房子环境较差，而且没有安装空调。不得已，他自己买了个小风扇，但是感觉风扇吹出来的风有些发烫。晚上，睡在用凉水擦过的凉席上，片刻之后，凉席便像烙铁烙在背上一样。

　　重庆和成都的老人们每天都生活在"水深火热"中。重庆一位年过八旬的老人，尽管家里的空调整天开着，但屋里的温度始终没下过 35℃。8 月 15 日这天，他想冲个凉，可打开水龙头，自来水管流出的水竟然烫手。无可奈何之下，他只得往澡盆里加了些冰块，才勉强洗了个澡。

　　在建筑工地干活的农民工们，深夜才敢走进宿舍歇息，他们的床铺热得烫手，躺上去全身马上便湿透了，他们不得不起来往床铺上洒水，然后接着再睡。

　　……

　　酷热难耐之下，商场、办公室成了人们避暑的首选之地，而在重庆，防空洞也成了老城区居民避暑的最佳去处：

白天，纳凉的市民坐在防空洞里，待太阳落山后，大家拿出凉席、竹榻，在防空洞外席地而坐，直到夜深才渐渐散去，而有的人干脆带着被褥，在防空洞里蒙头大睡。

中暑者不计其数

持续的高温热浪，对人类和动物的健康都造成了严重影响。

在成都市的各大医院，自进入 7 月后病人便络绎不绝，许多人不是中暑，便是患了热伤风或肠道疾病。医生们忙得团团转，有的医护人员由于天气太热，加上疲劳过累，竟然也成了病人中的一员。在气温更高的重庆市，这种情况尤为严峻。据重庆一名媒体记者统计，截至 8 月中旬，仅重庆各媒体报道的死于中暑的人数，大约就有 30 人。入夏之后，重庆市急救中心出车率高出往年 10％左右。8 月 15 日，重庆市政府召开新闻发布会，市卫生局局长称，持续高温导致中暑人群急剧上升，8 月 14 日，重庆有 6000 多人中暑。到了次日，中暑人数骤然升至 1.4 万多人。

动物们也难耐高温的侵袭。8 月 16 日，重庆巴南区李家沱一养鸡场，一天内有近万只鸡死亡。经兽医解剖，认定这些鸡都死于中暑。此外，牛、羊、猪等家畜的生存也受到了极大威胁，有的牲畜在高温下中暑死亡，而大部分牲畜由于农村出现饮水困难局面，它们被主人不得不忍痛低价卖掉或者杀掉。

大地变得一片枯黄

夏季，本该是四川盆地万物葱茏、生机蓬勃的时节，但高温热浪使得绿色一点一点地消失，在旱情严重的地区，大地变成了可怕的枯黄色：水稻田完全干涸，裂缝越扯越大，稻秧一点火就能燃烧；玉米叶子全都卷了起来，变成了黄色；竹子和树木成片成片地枯死，连一些长了几十年的老树也未能幸免。

缺水，成了村民的噩梦。人们不得不四处寻找可以喝的水源。据媒体报道，有位老婆婆每天走几千米山路去河边背水。有天她在路上昏倒了，醒来后发现水全漏光，不由伤心得哭了起来。有个老汉在山崖上挖了个洞，用水瓢去接细得像丝线的水流。到后来，他只能用水瓢在大石头上刮水。整整一个上午，老人只接了两半桶浑浊的泥水，但他还是笑得十分满足。

为了逃避这场灾难，农村的年轻人放弃田地的农活，放弃家园，纷纷外出打工。他们有的甚至远赴新疆等地，只求打工的收入能弥补一点大旱带来的损失。